U0239757

宝宝全营养辅食

小思妈妈 著

北京科学技术出版社

目 录

Chapter 4 快手配菜

Chapter 5 诱人零食

宝宝**不爱吃辅食**怎么办?

想当初,宝宝可是规规矩矩地坐在餐椅上,等着大人给他们一口一口地喂米糊,现在怎么突然就不爱吃辅食了呢?

我们总是逼迫宝宝,想让他们再多吃一口辅食,却没有静下心来想想他们为什么不爱吃辅食。是辅食不好吃,还是他们不饿,还是身体不舒服?即便宝宝还不会说话,只要我们用心地观察和总结,就能找到宝宝不爱吃辅食的原因。只有找到原因,才能"对症下药"。

1 宝宝吃辅食是否足够专心?

宝宝是不是喜欢边吃边玩,比如一边看电视或者听儿歌一边吃辅食?如果是这样,那阻碍宝宝吃辅食的最主要原因就是干扰太多。

宝宝的注意力特别容易分散,一首好听的儿歌,一个吸引人的电视画面,甚至连筷子掉在地上、家里人唠家常等都能把宝宝的注意力吸引过去。因此,一个安安静静、没有干扰的吃饭环境是宝宝好好吃辅食的基本前提。

> **建议你这样做**
>
> • 尽量引导宝宝在吃辅食的时候坐餐椅。
> • 把音乐、故事机、电视关掉,再把玩具通通收起来。
> • 尽量不要主动跟宝宝讲话,只示范咀嚼的动作即可。
> • 如果是一家人同桌吃饭,不要聊特别有趣的话题,最好围绕着饭菜聊天,比如"今天哪道菜最好吃""我最喜欢吃哪道菜"。宝宝特别喜欢跟风,这个战术万试万灵。

2 水果、零食、母乳或者奶粉吃得太多?

过了周岁的宝宝的奶量要控制在350~500毫升之间,也不要让宝宝吃太多水果或零食,否则宝宝的胃里就没有更多的空间去装辅食啦。对过了周岁的宝宝来说,单纯喝奶已经满足不了他们的营养需求,均衡的饮食搭配才是根本。

如果宝宝饿了随时能吃到零食、水果或者母乳,那么遇到稍微不合胃口的辅食,宝宝便会有恃无恐,说不吃就不吃,因为他们知道饿不着。

> **建议你这样做**
>
> • 根据宝宝的作息时间安排好吃辅食、加餐及喝奶的时间,让宝宝有秩序感。其他时段,尽量不让宝宝进食,特别是要吃辅食前2小时。
> • 即便宝宝这顿辅食吃得很少,也不要破例在非加餐时段给宝宝零食。要让宝宝知道,错过了这一顿,就要饿肚子。

咀嚼能力锻炼不够

咀嚼能力跟不上也是宝宝不爱吃辅食的一个重要原因。特别是一直吃泥状或糊状辅食的宝宝，

他们的咀嚼能力没有及时得到锻炼。宝宝过了周岁后，因为咀嚼能力锻炼不够，吃稍微有些嚼劲的辅食就嚼不动，又吃腻了糊状或泥状辅食，索性就不吃了。

建议你这样做

- 不要急于让宝宝接受小块辅食，要循序渐进地改变食物的形状，先从蓉状或者小颗粒状辅食开始。
- 如果宝宝还愿意吃泥状或糊状辅食，可以每天安排一顿这类辅食以保证营养需求，再加1~2顿可以锻炼咀嚼能力的辅食。

宝宝是不是想要自己动手吃辅食？

让宝宝自己动手吃辅食可以提高宝宝吃辅食的主动性。虽然收拾"战场"有些辛苦，但宝宝会因此获得自信心和成就感，所以辛苦也值得。你总是一口一口地给宝宝喂辅食，吃辅食对宝宝而言就像在完成老板分配的任务。而宝宝自己动手吃辅食就像自己创业一样，加班加点也要干好。

如果担心宝宝吃不饱，在宝宝自己抓着吃的同时，妈妈可以给宝宝喂一些辅食。重要的是，我们不能抹杀孩子想要自己动手的积极性和对吃辅食的热情呀。

建议你这样做

- 如果宝宝开始抓碗、抢勺子，不妨给宝宝洗净双手，再给宝宝一把勺子。
- 让宝宝自己去模仿和摸索如何把勺子送到嘴里。
- 刚开始的时候妈妈也可以帮助宝宝把辅食挖到勺子里。

宝宝心里苦啊

想想我们是不是因为宝宝不爱吃辅食而发过火或者责备过宝宝呢？当遇到宝宝不爱吃辅食的情况时，宝妈要放轻松。宝宝不爱吃辅食真不是什么大事，你越着急，宝宝的压力就越大。宝宝心里有了压力，对吃辅食这件事就会更加抗拒。

  建议你这样做

- 不强迫宝宝多吃一口。
- 不主动叫宝宝吃辅食，可以假装吃得特别香，"勾引"宝宝主动吃辅食。
- 多鼓励宝宝。多夸奖宝宝会自己吃辅食，而且吃得多。

辅食是否太单一，宝宝吃腻了？

总是吃单一的米粥或者面条，宝宝也会吃腻。只有经常变化辅食的花样，才能满足宝宝挑剔的胃口。

经常会有妈妈说，辛辛苦苦做的辅食，宝宝根本就不吃，太不配合了。可我觉得这真的没什么可抱怨的，宝宝的口味是天天变化的。他们不仅挑味道，还挑食物的口感和形状，可能今天爱吃面条，明天就爱吃米饭了。

  建议你这样做

- 当宝宝不爱吃某类食物的时候，不要勉强他，说不定过两天宝宝就又爱吃了。
- 了解宝宝喜欢的食物种类，经常做那类食物给宝宝吃，想方设法做得更有营养。
- 当宝宝不爱吃某种蔬菜或肉的时候，不要勉强他，下次换个做法并且把它藏起来，说不定"蒙混过关"了。
- 不足周岁的宝宝也要尽量多接触各种各样的食物，这可以大大减小他以后挑食的概率。

特别想吃大人的饭菜

家里最机灵的就是宝宝了，没有什么事可以逃过他的法眼。"咦，妈妈吃的饭跟我的不一样，我要吃妈妈的饭。"也是，看着大人一桌子的饭菜，谁不想吃自己的！

  建议你这样做

- 由妈妈或者平时照顾宝宝的人跟宝宝同桌吃饭，和宝宝吃一样的食物。宝宝一般会先尝一尝大人碗里的饭菜，等宝宝检验完毕，我们再偷偷地加点儿盐，加点儿酱料——是不是很有心机呢？

是不是因为缺锌而影响了食欲？

如果上述这些情况在宝宝身上都不存在，宝宝还是对食物不感兴趣——对大人的饭菜不感兴趣，甚至对零食也不感兴趣，好像就没见过他特别喜欢吃某种食物，那就要另找原因了。

如果恰巧平时很少给宝宝吃富含锌的食物，比如贝类、瘦肉、肝脏、蛋、核桃等，建议寻求专业医生的帮助，看看宝宝是否缺锌，因为缺锌也会导致宝宝没有食欲。

担心宝宝缺营养？
这样配餐，才够营养！

　　0~3 岁是宝宝生长发育的关键时期，他们必须从膳食中获取足够的营养物质来满足生长发育和身体活动的需要。长期缺乏某种营养或热量获取不足不但会影响宝宝的生长发育，还会引发许多疾病。因此，从我家宝宝满 6 个月开始添加辅食起，我就格外关注她的每一餐——看膳食是否多样化、营养摄入是否均衡等等。

配餐举例: 16 个月宝宝的一日餐单		
餐次	搭配	食材及用量
早餐	蔬菜虾皮鸡蛋羹 / 牛奶 / 二米粥	菠菜 10 克 / 虾皮 3 克 / 鸡蛋 1 个 / 牛奶 120 毫升 / 大米 10 克 / 小米 5 克
加餐	牛奶	牛奶 120 毫升
午餐	宫保鸡丁 / 二米饭	鸡肉 50 克 / 黄瓜 15 克 / 胡萝卜 20 克 / 洋葱 10 克 / 大米 20 克 / 小米 10 克
加餐	酸奶 / 草莓 / 菠萝	酸奶 140 毫升 / 水果适量
晚餐	麻酱拌面 / 牛奶	鸡毛菜 10 克 / 胡萝卜 10 克 / 绿豆芽 10 克 / 面粉 30 克 / 牛奶 120 毫升

　　接下来，我以我家 16 个月宝宝的一日餐单为例，来详细分析一下如何营养配餐。
　　上图中右栏注明了每顿饭各种食材的用量，同时我也用了不同颜色来表示不同的营养物质——橙色代表该食材属于谷物类，绿色代表食材属于蔬菜，红色代表该食材属于水果，蓝

谷物类

谷物类的选择：
大米、小米、面粉、燕麦……
建议摄入量：
7~9 月龄婴儿，须根据婴儿需要而定。10~12 月龄婴儿须每日摄入一定量的谷物类。13~24 月龄幼儿须每日摄入 50~100 克谷物类。

蔬菜

蔬菜的选择：
菠菜、白菜、小油菜、土豆*、山药……
建议摄入量：
7~9 月龄婴儿，须根据婴儿需要而定。10~12 月龄婴儿的蔬菜摄入量根据婴儿需要而定。13~24 月龄幼儿摄入蔬菜的量根据幼儿需要而定。

*土豆、山药等块茎类食材从种属上来说应归为蔬菜，但其营养成分与主食的营养成分更接近，所以可替代一部分主食。如果宝宝在一餐中吃了这类食物，就要适当减少主食的摄入量。

水果

水果的选择：
苹果、香蕉、梨……
建议摄入量：
7~9 月龄婴儿，须根据婴儿需要而定。10~12 月龄婴儿，须根据婴儿需要而定。13~24 月龄幼儿，须根据幼儿需要而定。

色代表该食材属于奶类，紫色代表该食材属于肉禽鱼，土黄色代表该食材属于蛋类。

《中国居民膳食指南》（2016 版）对 7~24 月龄婴幼儿的膳食选择做出了指导。其中，从 7 个月到 24 个月的辅食安排中均提到了谷物类、蛋类、肉禽鱼、蔬果和奶类。也就是说宝宝每日膳食要包含这五大类营养物质，并尽量做到食物多样化。该指南还给出了建议摄入量。

下面来一一对照这五大营养物质，看看宝宝这一天吃的食物是否包含了这五大营养物质，摄入量又是否符合营养学会给出的参考标准。

	建议摄入量	实际摄入量	
谷物类	50~100 克	75 克	✔
蔬菜	适量	适量	✔
水果	适量	适量	✔
肉禽鱼	50~100 克	约 50 克	✔
奶类	500 毫升	500 毫升	✔
蛋类	1 个	1 个	✔

上表的第二列是膳食指南给出的参考标准。例如，橙色代表谷物，我家宝宝一天摄入总量是 75 克；紫色代表肉禽鱼，每餐饭相加后超过了 50 克；鸡蛋 1 个；奶类的话，早餐牛奶 120 毫升，加餐牛奶 120 毫升、酸奶 140 毫升，晚餐牛奶 120 毫升，一共 500 毫升。

综合来看，这样进行配餐，宝宝的各种营养物质的摄入量基本上都够。

要注意的是，最新版膳食指南对蔬菜、水果的摄入量没有明确要求，大人根据婴幼儿的需要决定即可，但这并不代表婴幼儿不爱吃水果或者蔬菜就可以不吃，还是要达到膳食的动态平衡。

接下来，我将根据《中国居民膳食指南》对婴幼儿膳食的指导列出宝宝 30 日营养配餐餐单，供大家参考。

奶类

奶类的选择：
配方奶、酸奶、奶酪

建议摄入量：
7~9 月龄婴儿须每天保证 600 毫升以上的奶量。10~12 月龄婴儿的奶量应保证每天 600 毫升。13~24 月龄幼儿每天的奶量应维持在 500 毫升左右。

肉禽鱼

肉禽鱼的选择：
鳕鱼、虾、猪肉、牛肉……

建议摄入量：
7~9 月龄婴儿须每天摄入 50 克肉禽鱼，如果婴儿对蛋黄或鸡蛋过敏，可再增加 30 克肉禽鱼来代替鸡蛋。10~12 月龄婴儿须每天摄入 50 克肉禽鱼。13~24 月龄幼儿须每天摄入 50~75 克肉禽鱼。

蛋类

蛋类的选择：
鸡蛋

建议摄入量：
7~9 月龄婴儿须每天吃 1 个蛋黄或逐渐尝试吃整个鸡蛋（如果宝宝习惯了吃蛋黄，可以试着让他把蛋白也一起吃了）。10~12 月龄婴儿须每天吃 1 个鸡蛋。13~24 月龄幼儿须每天吃 1 个鸡蛋。

30 日营养配餐餐单

时间	早餐	加餐	午餐	加餐	晚餐
DAY 1	菠菜蛋花烩饼 P048	新鲜水果	时蔬肉酱意大利面 P086	椰蓉鲜奶冻 P164	奶香菌菇汤 P034 软米饭
DAY 2	猪肉黄瓜馄饨（4个）P050	新鲜水果	时蔬鳕鱼焖饭 P102	胡萝卜干（适量）P181	豆腐肉丸 P146 玫瑰果仁包（1个）P064
DAY 3	三文鱼米饼 P112 甘蔗马蹄甜汤 P027	新鲜水果	奶酪番茄焗面 P092	香蕉红豆羹 P014	蔬菜扇贝丸 P142 金汤小米粥 P032
DAY 4	芹菜肉包子（1个）P060 番茄豆腐羹 P022	椰蓉鲜奶冻 P164	蛋皮包饭 P096	旺仔小馒头（适量）P160	娃娃菜虾丸 P122 软米饭
DAY 5	蛋皮包饭 P096 韩式南瓜粥 P016	新鲜水果	时蔬肉酱意大利面 P086	椰蓉小球（6个）P188	虾仁菌菇粥 P033
DAY 6	芹菜肉包子（1个）P060 陈皮梨汁 P020	新鲜水果	鸡毛菜炒面 P072	紫薯芝麻脆条（适量）P198	番茄鳕鱼粥 P015
DAY 7	菠菜蛋花烩饼 P048	新鲜水果	莲藕肉饼 P118 软米饭	香蕉红豆羹 P014	萝卜牛肉面 P074
DAY 8	玉米蘑菇浓汤 P018 白煮蛋	甘蔗马蹄甜汤 P027	麻酱拌面 P078	新鲜水果	娃娃菜虾丸 P122 软米饭

时间	早餐	加餐	午餐	加餐	晚餐
DAY 9	菠菜番茄煎蛋饼 （一半） P130 糙米红枣核桃糊 P026	椰蓉小球 （6个） P188	萝卜鲜虾汤 P028 软米饭	新鲜水果	四喜蒸饺 （1个） P044
DAY 10	虾仁夹心卷（2个） P134 宝宝版美龄粥 P041	椰蓉鲜奶冻 P164	鸡毛菜炒面 P072	新鲜水果	糯米蒸肉丸 （3个） P150 双色蝴蝶馒头 （1个） P054
DAY 11	蛋皮包饭 P096 糙米红枣核桃糊 P026	无油蛋香 小饼干 P168	莲藕肉饼 P118 软米饭	新鲜水果	番茄豆腐羹 P022 双色蝴蝶馒头 （1个） P054
DAY 12	时蔬饭团 P100	新鲜水果	时蔬鳕鱼焖饭 P102	鸡蛋布丁 P178	鲜虾豆腐饼 P140 宝宝版美龄粥 P041
DAY 13	青菜虾仁鸡蛋羹 P144 软米饭	胡萝卜干 （适量） P181	冬笋高汤面 P088	新鲜水果	番茄鳕鱼粥 P015
DAY 14	菠菜蛋花烩饼 P048	椰蓉鲜奶冻 P164	白酱蔬菜面 P062	新鲜水果	奶香菌菇汤 P034 四喜蒸饺 （1个） P044
DAY 15	娃娃菜虾丸 P122 软米饭	香蕉红豆羹 P014	芹菜肉包子 （1个） P060	山药红豆糕 （适量） P200	补钙厚蛋烧 P120 韩式南瓜粥 P016

时间	早餐	加餐	午餐	加餐	晚餐
DAY 16	青菜虾仁鸡蛋羹 P144 宝宝版美龄粥 P041	新鲜水果	白酱蔬菜面 P062	板栗椰蓉球 P165	栗子玉米面奶香饼 P080 萝卜鲜虾汤 P028
DAY 17	双色蝴蝶馒头 （1个） P054 虾仁夹心卷（2个） P134	苹果脆片 P180	时蔬饭团 P100 红烧鸡翅 （2个） P148	蒸蛋糕 （1个） P174	蛋皮包饭 P096 韩式南瓜粥 P016
DAY 18	糯米烧麦（1个） P046 番茄豆腐羹 P022	新鲜水果	臊子面 P082	雪粉糕 P192	鲜虾比萨 P058 鸡丝香菇浓汤 P024
DAY 19	猪肉黄瓜馄饨 （4个） P050	新鲜水果	清蒸萝卜肉卷 （4个） P128 软米饭	椰蓉小球 （6个） P188	时蔬蛋燕 P052 香蕉红豆羹 P014
DAY 20	牛油果香蕉卷 P202 糙米红枣核桃糊 P026	旺仔小馒头 （10个） P160	芹菜肉包子 （1个） P060 萝卜鲜虾汤 P028	鸡蛋布丁 P178	玫瑰果仁包 （1个） P064 韩式南瓜粥 P016
DAY 21	五彩鳕鱼粥 P038	新鲜水果	自制儿童肠 （1个） P132 时蔬饭团 P100	猪肉脯 （适量） P162	蛋皮包饭 P096 宝宝版美龄粥 P041
DAY 22	核桃杏仁饼 P068 菜花土豆浓汤 P030	新鲜水果	时蔬肉酱意大利面 P086	劲爆鸡米花 （适量） P170 陈皮梨汁 P020	鲜虾豆腐饼 P140 番茄豆腐羹 P022
DAY 23	胡萝卜虾皮饼 P156	苹果脆片 P180	彩蔬粉蒸饭 P104	榛子酥 （1个） P196	鲜虾香菇锅贴 （2个） P030 萝卜姜枣汤 P040

时间	早餐	加餐	午餐	加餐	晚餐
DAY 24	彩蔬虾仁饭团 P098 香蕉红豆羹 P014	紫薯芝麻脆条 （适量） P198	鸡毛菜炒面 P072	新鲜水果	小米蔬菜脆饼 P114 奶香菌菇汤 P034
DAY 25	三文鱼米饼 P112 甘蔗马蹄甜汤 P027	新鲜水果	时蔬鳕鱼焖饭 P102	坚果	香煎牡蛎饼 P056 南瓜浓汤 P017
DAY 26	莲藕排骨面线 P090	新鲜水果	糖醋排骨 P124 软米饭	铜锣烧 （1个） P194	山药蔬菜饼 P066
DAY 27	奶酪焗山药 P190	新鲜水果	萝卜牛肉面 P074	南瓜布丁 P176	蔬菜卷饼 （2个） P076 番茄鳕鱼粥 P015
DAY 28	四喜蒸饺 （2个） P044	新鲜水果	奶酪番茄焗面 P092	椰蓉鲜奶冻 P164	莲藕肉饼 P118 金汤小米粥 P032
DAY 29	双色蝴蝶馒头 （1个） P054 南瓜蔬菜粥 P036	新鲜水果	肉馅香菇盖 P126 软米饭	黄金红薯条 （适量） P166	鳕鱼时蔬饭团 P106
DAY 30	菠菜蛋花烩饼 P048	新鲜水果	奶酪虾丸 P152 素炒面疙瘩 P084	红薯曲奇 （适量） P182	冬笋高汤面 P088

* 以上是30日营养配餐餐单，妈妈们也可以在充分了解《中国居民膳食指南》中婴幼儿膳食指导建议的基础上，利用每道菜的营养成分列表，为自己的宝宝进行营养配餐。

* 餐单中不包括奶类，妈妈们可根据需求在宝宝早上起床后、晚上睡觉前以及加餐的时候给宝宝喝适量配方奶，以保证孩子一天的奶类摄入量符合膳食指南给出的建议量。

* 妈妈们可以根据宝宝的需求，额外给宝宝吃一些炒时蔬，以保证宝宝的蔬菜摄入量。

Chapter 1
营养汤粥

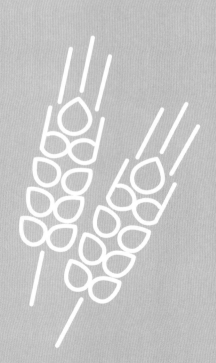

香蕉红豆羹

香蕉红豆羹光看卖相就已经让人觉得要甜到心里去了。来一盅红豆羹，陪宝宝一起享受温馨的午后时光吧！

 原料

香蕉…40 克　红豆…15 克
冲调好的配方奶…200 毫升

营养物质摄入量 ▼

🍓 / 40 克　　🍼 / 200 毫升

＊另含有豆类。

 做法

01 红豆放入锅中，按照 1∶4 的比例加水，煮 3 小时，直到红豆皮自然脱落、红豆变软。
02 煮好的红豆过滤，把红豆皮滤出，剩下的红豆沙备用。
03 将红豆沙倒入锅中，中小火加热，不断搅拌，熬至浓稠。
04 香蕉切块，放入红豆沙中，倒入配方奶，搅拌均匀即可。

建议月龄
8个月以上

番茄鳕鱼粥

鳕鱼营养十分丰富，而且肉质鲜美，刺也少，非常适合用于给宝宝做辅食。

 ## 原料

番茄…20克　大米…30克
鳕鱼…40克

营养物质摄入量 ▼

🌾 / 30克　　🐟 / 40克

🍅 / 20克

 ## 做法

01 大米淘干净后加入适量水，煮成粥。

02 番茄用开水烫一下后去皮、切碎。炒锅里倒入底油，把番茄煸炒成泥状，盛出。

03 汤锅里加水，大火烧开，放入鳕鱼煮熟，需要1~2分钟。

04 煮熟的鳕鱼去皮、去骨、去刺，用筷子夹成小块。

05 将番茄泥、鳕鱼块和煮好的大米粥一起放入砂锅中，煮10分钟左右，其间要不时搅拌。

 建议月龄 10 个月以上

韩式南瓜粥

这款韩式南瓜粥要加糯米粉才能熬出那种稀薄而又不失香浓的感觉。

原料

南瓜…30 克　糯米粉…15 克
冰糖…5 克　　熟芝麻…少许（可选）

营养物质摄入量 ▼

 / 15 克

/ 30 克

做法

01 南瓜切块后放到蒸锅里蒸熟，大约需要 20 分钟。用勺子挖出南瓜肉。

02 把南瓜肉放到料理机里，加水没过 4/5 的南瓜，然后打成泥。

03 打好的南瓜泥比较黏稠，须再加一些水，然后倒入汤锅中。

04 糯米粉过筛，加水，搅拌均匀，调成糯米水，倒进汤锅中，用勺子搅拌均匀。

05 开火，煮开后放入冰糖。可以再多煮 5 分钟，把南瓜粥煮得黏稠些。可根据喜好在上面撒少许熟芝麻。

建议月龄
8 个月以上

南瓜浓汤

一不小心就迷上了做西式浓汤，我发现这样的浓汤既有营养又能迷倒一众小宝贝。就拿我家闺女来说，每次我做这样的浓汤，她都主动嚷嚷着要喝完。

 ## 原料

南瓜…40 克　　胡萝卜…15 克
土豆…25 克　　苹果…25 克
熟芝麻…少许　冲调好的配方奶…40 毫升

营养物质摄入量 ▼

🍼 / 40 毫升　　🥦 / 80 克
🍓 / 25 克

做法

01 土豆和苹果去皮、切块，胡萝卜去皮、切丁，南瓜去皮、去瓤切块。
02 土豆、苹果、胡萝卜和南瓜放入锅中，加水没过食材，小火慢炖约 20 分钟。
03 食材炖软后连汤一起放入料理机中打成泥。
04 加入少许冲调好的配方奶，搅拌均匀后撒少许熟芝麻。

玉米蘑菇浓汤

自从上次做了南瓜浓汤后，我发现宝宝很喜欢喝这样的浓汤。正好我可以在浓汤里加好多种蔬菜，把宝宝不喜欢的蔬菜都加进去。一般的蘑菇浓汤会加入淡奶油做成奶油蘑菇浓汤，但宝宝不宜经常食用淡奶油，所以我用了玉米汁来替代。

原料

面粉⋯15 克　口蘑⋯15 克　熟玉米粒⋯50 克
洋葱⋯5 克　水⋯250 毫升　无盐黄油⋯10 克

营养物质摄入量 ▼

/ 35 克　　/ 20 克

 做法

01
熟玉米粒放入料理机，加入 250 毫升水，打成玉米汁，用滤网把玉米皮滤出。

02
口蘑切片后切碎。

03
洋葱切碎。

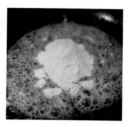
04
黄油放入锅中，加热至熔化，然后倒入面粉翻炒。

05
面粉炒匀之后，盛出备用。

06
锅中倒油，下洋葱、口蘑翻炒。

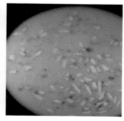
07
倒入玉米汁，小火熬煮，把口蘑和洋葱煮熟。其间，如果玉米汁不足，就额外添一些水。

08
倒入之前炒好的面粉，拌匀即可。

 Tips

① 最好用黏玉米，不要用甜玉米，甜玉米的甜味会与浓汤的味道冲突。

② 黄油炒面粉这一步是做浓汤的基本步骤，黄油的香味会给整道浓汤增色许多。对于 12 个月以下的宝宝，可以省略这一步，直接往汤中下面粉即可。

③ 浓汤的浓稠度可以根据个人喜好调整。做好后可根据喜好在上面撒少许熟芝麻。

④ 进行最后一步时，倒入面粉之后，一定要快速搅拌，防止面粉结块。

建议月龄
10 个月以上

陈皮梨汁

梨皮营养价值很高，具有清心、润肺、降火、生津等功效，可以留下来和梨肉一起熬煮。加了陈皮和梨的这道汤可以作为宝宝甜品，有助于清热化痰、缓解咳嗽症状。对于没有生病的宝宝，这款汤也有防秋燥的功效哦。如果是给感冒发烧、身体有炎症或腹泻的宝宝喝，就不要加枸杞。

原料

雪梨…20 克　冰糖…5 克
陈皮…少许　枸杞…少许

营养物质摄入量 ▼

 / 20 克

 做法

01

陈皮浸泡 20 分钟，去除表面的浮灰和苦味。

02

雪梨用水冲洗干净。

03

雪梨去皮，切滚刀块。梨皮和梨肉都留着备用。

梨和水的比倒控制在 1：3 左右。

04

锅中倒水烧开，放入梨肉、梨皮和冰糖。

05

加入泡好的陈皮，大火煮沸后转小火，慢炖约 40 分钟。

枸杞不宜长时间浸泡，稍微泡一下就可以了。

06

快要出锅前，用水浸泡枸杞，去除表面的浮灰。

枸杞一定要最后放，否则它的颜色、口感和营养都会受影响。

07

往锅中倒入枸杞，继续煮一小会儿。

08

煮好之后，将梨皮、陈皮和枸杞捞出，留下梨汁和梨肉给宝宝吃。

番茄豆腐羹

　　当宝宝夏天不爱吃饭的时候，我总想用番茄做点儿酸酸的、开胃的食物，比如下面这款略微黏稠的番茄羹。说起汤羹，好像要加点儿嫩嫩的豆腐才更配。

　　番茄负责开胃，豆腐负责补钙，二者搭配味道鲜美又不失营养。这款番茄豆腐羹炖好之后味道酸酸的，有些宝宝不喜欢酸味，可以少加点儿番茄，或者把籽去掉来减轻酸味。

原料

番茄···40克　金针菇···5克　内酯豆腐···20克
淀粉···适量　蒜瓣···少许

营养物质摄入量 ▼

／45克

*另含豆制品。

做法

为了避免番茄汁流失，随便切几刀就行。

01
番茄洗净后剥皮、切大块。

02
金针菇去掉根部，用流水反复冲洗干净，撕成细丝，然后切小段。

03
蒜瓣切片，热锅冷油，下蒜瓣炒香。倒入切好的番茄，翻炒一会儿后倒入金针菇。

04
把番茄铲碎，微微炖出汤汁，加点儿水，煮开。

05
倒入豆腐，将豆腐铲碎一点儿会更入味。

06
淀粉中加适量水，搅拌均匀，制成水淀粉，倒入锅中勾芡。

建议月龄
11 个月以上

鸡丝香菇浓汤

一般的西式浓汤都离不开黄油和奶油，在这个配方中，我把黄油和奶油替换成了宝宝能食用的橄榄油和配方奶。对于过了周岁的宝宝，也可以用牛奶代替配方奶。

原料

鸡肉…40 克　面粉…24 克　水…200 毫升
香菇…20 克　冲调好的配方奶…40 毫升

营养物质摄入量 ▼

🌾 / 24 克		🐟 / 40 克	
🍄 / 20 克		🍼 / 40 毫升	

做法

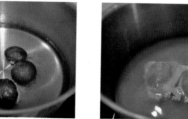

01
水烧开后，放入香菇焯一下以去除异味，然后盛出。

02
鸡肉冷水下锅煮熟，用勺子把浮沫撇出去，然后盛出。

03
鸡肉和香菇分别切成细丝。

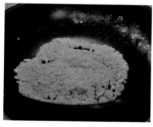

04
锅中倒入少许橄榄油，将面粉倒入锅中，小火不断翻炒，直到将面粉炒熟炒香。

05
倒入 200 毫升水，边倒边迅速搅拌。

06
加入鸡丝和香菇丝，继续熬煮，直至将鸡肉丝和香菇丝煮烂。

07
将配方奶倒入浓汤中搅拌均匀。

Tips

① 蔬菜如果与冷水一起加热，煮的时间过长，蔬菜中所含的营养素会损失很多，所以要等水沸腾再放入锅中焯水。

② 通常的浓汤都会使用黄油，为了避免宝宝摄入过多油脂，我用橄榄油替代黄油并减少了油的用量。这样面粉翻炒之后是干面粉状，而不是稀糊状。

③ 在第 6 步熬煮的过程中，一定要根据汤的浓稠度调整水的用量。汤太稠的话，要及时加水；汤太稀的话，可以多熬煮一会儿。

糙米红枣核桃糊

有些宝宝不喜欢吃核桃，但这款米糊中红枣的甜味很好地掩盖了核桃的苦味，宝宝一定会喜欢的！

 ## 原料

红枣…5 颗　核桃…2 个　糙米…20 克　温开水…适量

营养物质摄入量 ▼

🌾 / 20 克

* 另含有坚果和果干。

 ## 做法

01 糙米洗净后提前 4 小时用水浸泡，红枣洗净后提前 15 分钟用水浸泡。

02 泡好的糙米倒入电饭锅中，加入适量水煮烂。然后将糙米捞入一个碗中，将米汤盛入另一个碗中。

03 红枣去皮、去核、切碎，核桃取出仁并切碎。糙米、核桃仁和红枣放入料理机，加入米汤和适量温开水（一共约 270 毫升），打成糊即可。

建议月龄
8个月以上

甘蔗马蹄甜汤

这款甜汤在炖的时候会散发淡淡的香气，且味道甘甜，不用额外加糖。对于周岁以下的宝宝，要少放一点儿红枣，以免甜汤太甜。

原料

甘蔗…30克　马蹄…20克　红枣…3颗

营养物质摄入量 ▼

⏇ / 20 克　　🍇 / 30 克

* 另含有果干。

做法

01　马蹄去皮、切块，甘蔗去皮、切段。

02　红枣用开水浸泡10分钟左右，去除表面的浮灰。泡好的红枣去核、切小块。

03　甘蔗、红枣和马蹄都倒入锅中，加入冷水直至没过所有食材。

04　大火烧开后，转小火，继续炖煮20~30分钟，直至汤汁变浓稠、颜色稍稍变深。

萝卜鲜虾汤

> 　　萝卜鲜虾汤也是一道比较适合宝宝的辅食。萝卜切成细丝、煮烂之后会变得很软，适合宝宝咀嚼。萝卜中的芥子油能促进胃肠蠕动、增强食欲、帮助消化。这里我用的是青萝卜，它的味道比白萝卜甜，营养价值也更高。有营养又好喝的萝卜鲜虾汤，让我们跟宝宝一起喝起来吧！

原料

鲜虾…2只　青萝卜…30克　葱…适量
香菜…适量　盐…少许（可选）

营养物质摄入量 ▼

／40克　　／30克

 做法

01
青萝卜洗净、去皮、切细丝。

02
葱和香菜切碎备用。

03
鲜虾洗净，去除虾须，剔除虾线。

对于周岁以上的宝宝，此步骤可加少许盐调味。

04
锅中加入适量水，然后放入萝卜丝。

05
煮沸后，小火再煮5分钟左右，然后将鲜虾放入锅中。

多煮一会儿是为了让虾和萝卜更入味。

06
小火多煮一会儿，其间撇去浮沫。

07
煮至萝卜丝变软后，倒入香菜和葱花，继续煮一会儿。

08
鲜虾捞出，去壳、切小块。

09
捞出汤中残留的虾须和虾壳，再将切好的虾肉放入汤中即可出锅。

菜花土豆浓汤

菜花含有丰富的蛋白质、维生素及矿物质，尤其是维生素 C，每 100 克菜花中维生素 C 的含量高达 88 毫克，比白菜、油菜等高 1 倍以上，比芹菜、苹果等也要高 1 倍。而且菜花被打成稀糊后，所有的营养都在其中，所以这道浓汤的营养非常丰富。借助清淡的菜香和配方奶的奶香混合而成的美妙味道，让宝宝把蔬菜喝进去。连我这个大人都超级喜欢喝这道浓汤，宝宝肯定不会拒绝。还没尝试过的宝妈快来试一试吧，非常简单哟！

原料

菜花…40 克　土豆…20 克　水…150 毫升
洋葱…5 克　冲调好的配方奶…40 毫升

营养物质摄入量 ▼

⬇️ / 40 毫升　　🥄 / 65 克

做法

> 浸泡是为了去除残留的农药。

01
菜花洗净，去掉根部，掰成小朵，放入水中浸泡。

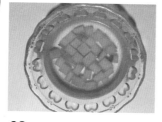

02
土豆去皮，切小块，放入水中浸泡。

03
洋葱切碎。

> 土豆要用小火煮，这样才能均匀地煮烂。

04
菜花放入沸水中焯 1 分钟后捞出，放入冷水中冷却一下，然后捞出沥干。

05
锅中倒少许油，油烧热后下洋葱炒香，下土豆继续炒 1 分钟，再下菜花炒 1 分钟。

06
锅中加 150 毫升水，大火煮开，转小火慢炖 10 分钟，煮好后盛出。

07
将煮好的食材倒入料理机打成糊状后倒入奶锅，加热至冒泡后关火。倒入冲调好的配方奶，搅拌均匀即可。

Tips

① 土豆放入水中浸泡，一方面可以防止土豆氧化变黑，另一方面可以去除土豆表面多余的淀粉，炒的时候不易煳锅。但不要浸泡太久，以免其中的营养成分流失太多。

② 市面上的洋葱有白皮、黄皮和紫皮之分。一般来说浅色洋葱的水分较多，甜度较高，相对没有那么辣，而紫皮洋葱口感较脆，辣味较明显。因此，建议宝妈给月龄小一点儿的宝宝选择黄皮或白皮洋葱。

金汤小米粥

小米和南瓜搭配会使粥的口感更加软糯黏稠，大多数宝宝都很喜欢喝。我还添加了一点儿宝宝平时不爱吃的西蓝花，它也顺利被吃光啦！

 ## 原料

小米…20克　西蓝花…15克
南瓜…50克　枸杞…少许

营养物质摄入量 ▼

⟨🌾⟩ / 20克　　⟨🔻⟩ / 65克

 ## 做法

01 小米洗净，放入水中泡1小时。南瓜去瓤、去皮、切块，放入蒸锅蒸熟后取出，用勺子压成泥。

02 锅中加水，水开后放入西蓝花，焯30秒左右，然后捞出切成碎末。

03 另起一锅，加水，水开后将小米倒入，先大火煮沸，再小火慢熬10分钟，然后下西蓝花，拌匀。

04 南瓜泥用滤网过滤到小米粥中，继续煮10分钟左右，熬成金黄色即可关火出锅。上桌时可在上面放几颗枸杞用作装饰。

建议月龄
10 个月以上

虾仁菌菇粥

我把各种粗粮混合在一起，再加入虾仁和菌菇，做成一道用料极其讲究的虾仁菌菇粥——它又鲜又香，营养均衡全面。

原料

北极虾…5 只　　大米…15 克　　糙米…4 克
杏鲍菇…10 克　香菇…10 克　熟玉米粒…20 克

营养物质摄入量 ▼

/ 39 克　　　　/ 20 克

/ 50 克

做法

01 糙米洗净，放入水中，浸泡 4 小时。锅中加水，水开后放入香菇和杏鲍菇，焯 1 分钟。
02 焯好的香菇和杏鲍菇切成碎末，北极虾去壳、切碎。
03 大米和泡好的糙米放入锅中，添加适量水，大火煮沸后转小火，将粥熬至黏稠。
04 香菇和杏鲍菇倒入粥中，煮 5 分钟。加入熟玉米粒和虾仁，拌匀，继续煮 2 分钟即可。

奶香菌菇汤

菌类富含人体所需的 18 种氨基酸和膳食纤维，宝宝常吃菌类可以提高免疫力和记忆力。菌菇本身的味道就很鲜美，用来煲汤最合适。这道汤中还加了牛奶，比清汤更加香浓，口感也更顺滑。奶白色的菌菇汤卖相极佳，光看外表就很想把它喝掉。香醇的浓汤和菌菇结合在一起，菌菇咬在嘴里滑滑的，又带着香浓的汤汁，全家人都非常喜欢。

原料

番茄…20 克　　鱿鱼丸…5 颗　　油菜…15 克
白玉菇…5 克　　蟹味菇…5 克　　金针菇…5 克
牛奶…20 毫升　　平菇…5 克　　猪骨高汤…适量

营养物质摄入量 ▼

/ 55 克　　　/ 40 克

/ 20 毫升

做法

01
所有菌菇都放入沸水中焯约 2 分钟以去除异味。

02
焯好的菌菇捞出沥干，切成适合宝宝咀嚼的大小。

03
鱿鱼丸切块。

04
在番茄表面划十字，放入开水中浸泡 5 分钟后取出，去皮、切小块。

05
油菜放入沸水中焯 30 秒左右，捞出切碎。

> 油菜一定要最后放，不要煮太久，以免营养素流失过多。

06
锅中倒入适量高汤，煮沸后放入番茄，煮 2 分钟。

07
依次放入金针菇、白玉菇、蟹味菇、平菇和鱿鱼丸，小火煮约 5 分钟。

08
临出锅前，倒入油菜。

09
倒入牛奶，搅拌均匀，小火煮 1 分钟即可。

南瓜蔬菜粥

　　南瓜含有糖分、果胶、纤维素、类胡萝卜素，以及人体所需的多种氨基酸等。它有一股甜甜的味道，而且口感软糯，非常适合给宝宝做辅食。我们还可以把宝宝平时不爱吃的蔬菜放到南瓜粥里，这样就可以轻松让宝宝吃下蔬菜啦！

　　南瓜单独搅成泥的话会非常稀，添加面粉后，南瓜粥立刻就会变得浓稠顺滑，非常好喝。

原料

南瓜…50克　西蓝花…10克　胡萝卜…10克
面粉…10克　冷水…30毫升　温水…75毫升

营养物质摄入量 ▼

/ 10 克　　/ 70 克

 做法

01
南瓜去皮、去瓤、切小块。

02
胡萝卜去皮、切丁。

03
西蓝花用果蔬清洗液浸泡，
10分钟后冲洗干净，切碎。

04
南瓜、胡萝卜和西蓝花分别
装入碗中，放入蒸锅，蒸约
15分钟。

05
面粉中倒入30毫升冷水，
边倒边搅拌，制成面粉水。

06
蒸好的南瓜放入料理机中，
加入75毫升温水，打成南
瓜汁。

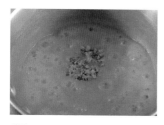

07
南瓜汁倒入锅中，煮沸后倒
入面粉水，不断搅拌至南瓜
粥变浓稠，然后下西蓝花和
胡萝卜，拌匀后再煮1分钟
即可出锅。

Tips

① 蔬菜不能加太多，否则会影响南瓜粥的口感。

② 挑选南瓜时，要挑选沉甸甸的。这样的是已经成熟了的，
比较甜。

③ 面粉水入锅后很容易形成面疙瘩，所以一定要一边倒一
边迅速搅拌，将面疙瘩搅散。如果最后面疙瘩还是很多，
可以用料理机再打一下。

④ 打南瓜汁时也可以加入配方奶或者牛奶，这样南瓜粥的
味道会更加香浓。如果没有料理机，可以直接用勺子将
南瓜压成泥，然后加入温水搅拌均匀。

⑤ 南瓜的含水量不同，做好的南瓜粥的浓稠度也不同，各
位妈妈可以根据宝宝的口味来调节浓稠度。

五彩鳕鱼粥

营养均衡的膳食、多食用菌菇都可以很好地提高宝宝的免疫力。而今天这道五彩鳕鱼粥，不仅食材丰富，而且这些食材，五颜六色的，光是看着就让人心情很好，吃起来更是十分鲜美。

藜麦的特点之一是胚芽所占比例极高，且具有营养活性，这是很多谷物所不具备的。平时给宝宝煮粥、煮饭的时候可以加一点儿藜麦，这样粥或饭的营养会更丰富。

原料

宝宝粥米…15克　藜麦…5克　即食燕麦片…5克
熟玉米粒…15克　鳕鱼…30克　蟹味菇…10克
西蓝花…10克　彩椒…10克　虾皮…少许
柠檬片…少许

营养物质摄入量 ▼

/ 40克　　/ 30克

/ 30克

 做法

01
虾皮用温水浸泡20分钟，
沥干、切碎。

02
鳕鱼用柠檬片腌10分钟，去
皮、去骨、去刺，切成小块。

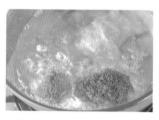

03
西蓝花放入沸水中，焯约
1分钟以去除残留的农药，
捞出，切小朵。

04
蟹味菇放入沸水中焯2分钟，
捞出，切碎。

05
彩椒洗净，切丁。

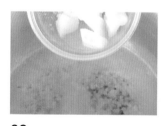

06
宝宝粥米和藜麦放入锅中，
加适量水，小火煮15分钟
左右，然后倒入鳕鱼。

07
倒入蟹味菇，继续煮5分钟。

08
倒入熟玉米粒、即食燕麦片、
西蓝花和彩椒，煮3分钟。

09
加入虾皮，煮2分钟，关火
即可。

萝卜姜枣汤

白萝卜中的酶可以促进消化。白萝卜还可以缓解咽喉疼痛，也有助于缓解感冒和发烧的症状。

 原料

白萝卜…40 克　姜…1 片　红枣…3 颗

营养物质摄入量 ▼

/ 40 克

* 另含有果干。

 做法

01 白萝卜洗净、去皮、切小块。

02 将红枣清洗干净，晾干后去掉枣核，切成薄片。

03 将切好的萝卜、姜和枣放入锅中，加入适量水，中火烧开。

04 水开后，盖上锅盖，小火焖煮 20~30 分钟即可。

建议月龄
10 个月以上

宝宝版美龄粥

这款宝宝版美龄粥把原本的豆浆替换成奶。山药蒸熟后压成泥，与粥充分混合，一口下来，奶香、米香全在里面。

 原料

山药…30 克 　　大米…20 克 　　水…200 毫升
蔓越莓干…少许 　冲调好的配方奶…40 毫升

营养物质摄入量 ▼

/ 20 克 　　/ 40 毫升

/ 30 克

 做法

01 山药去皮切薄片，放入蒸锅蒸 20 分钟，用筷子戳一下，能够很轻松地穿透即可关火。

02 大米倒入锅中，再倒入 200 毫升水，小火熬 15~25 分钟，其间用勺子把山药压成泥。

03 山药泥放入粥中，用勺子搅拌均匀，直至山药与粥充分混合。

04 关火，倒入已经冲调好的配方奶，继续搅拌至混合均匀，再加一点儿蔓越莓干做点缀。

Chapter 2
花样面食

四喜蒸饺

这款蒸饺外表十分讨喜，不仅味道好，营养还丰富。它看起来好像很复杂，其实做起来非常简单，成功率也高。赶快试试吧！

原料（分量：4 个）

虾仁…50 克 　胡萝卜…20 克
鸡蛋…1 个 　　水发木耳…15 克
饺子皮…4 张 　酱油…少许
亚麻籽油…少许

营养物质摄入量 ▼（每个蒸饺的含量）

🌾 / 10 克	🐟 / 12.5 克
🥦 / 9 克	🍳 / 1/4 个

 做法

01
虾仁煮熟切碎；鸡蛋煎熟切
碎；胡萝卜擦丝切碎后用油
炒熟；木耳切碎。

02
虾仁、鸡蛋、木耳和胡萝卜
各留一点儿备用，将剩余的
混合在一起。加酱油和亚麻
籽油拌匀。

03
取适量馅料，放在饺子皮上。
对折饺子皮，捏紧。

04
另外两边也对折并捏紧。

> 这里放的是之前预留的没有混在一起的馅料。

05
用手指把4个洞口撑大一些，
分别放入不同颜色的馅料。
将包好的蒸饺放入蒸锅，大
火蒸 5~8 分钟。

 Tips

① 没有亚麻籽油的话，可以用家里平时炒菜的植物油来替代。

② 鸡蛋、虾仁、胡萝卜在蒸之前都是熟的，木耳和面皮也很容易熟，所以蒸几分钟即可。

糯米烧麦

这款糯米烧麦全家人都很喜欢吃，宝宝也用手拿着吃了好几个。它的做法很简单，通常会用到的食材有胡萝卜、香菇，还有糯米。若是担心宝宝吃了糯米不好消化，可以换成大米。

原料（分量：5 个）

猪肉…40 克　胡萝卜…20 克　熟玉米粒…适量
香菇…10 克　糯米…40 克　　酱油…1 小勺
饺子皮…若干

营养物质摄入量 ▼
（每个烧麦的含量）

/ 8 克　　/ 8 克
/ 6 克

 做法

01
胡萝卜、香菇切丁；糯米焖熟，做成糯米饭；猪肉剁成肉糜。

02
炒锅内倒少许油，加热至温热后下猪肉糜翻炒至断生。

如果担心胡萝卜不熟，可以添些水焖一会儿。

03
倒入胡萝卜和香菇，炒匀后加入 1 小勺酱油。

米饭的量大概是蔬菜和肉的总量的一半。

04
加入 2 勺糯米饭，炒匀后盛出备用。

05
取一张饺子皮，擀得薄一些。

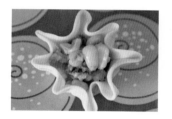

06
放上馅料，先用右手的拇指和食指捏出八个角来，然后在馅料上放几粒玉米。

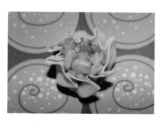

07
把捏出来的角顺着同一个方向粘在饺子皮上。

馅料露出来一点儿会好看些。

08
用大拇指和食指给烧麦捏一个脖子出来，让馅料露出一部分。

09
包好的烧卖放入盘中，入蒸锅，蒸 20 分钟即可。

菠菜蛋花烩饼

菠菜蛋花烩饼，很适合当早餐哟。烩在一起后饼会变得非常软，汤也很有滋味，早上来一碗，保证暖胃又饱肚。宝宝们尤其喜欢这样的辅食，也能顺便吃很多青菜。菠菜也可以换成其他绿叶菜。

原料

菠菜…20 克　鸡蛋…1 个　手抓饼…40 克
葱…适量　　姜…适量　蒜…适量
盐…少许

营养物质摄入量 ▼

 / 40 克　　　 / 20 克

/ 1 个

 做法

01
鸡蛋打散。

02
菠菜清洗干净，切小段。手
抓饼切碎。

03
葱切碎，姜、蒜切片。锅中
倒入少许油，下葱、姜、蒜
爆香。

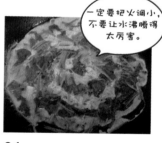

一定要把火调小，
不要让水沸腾得
太厉害。

04
倒入小半锅开水，下入菠菜，
煮熟。把火调小一些，然后
把蛋液淋入锅中。

05
大约 20 秒后，把蛋花搅散。

06
放入手抓饼，加少许盐调味，
煮约 3 分钟，待饼变软即可。

 Tips

① 菠菜也可以提前用水焯一遍。菠菜很快就能焯熟，大约焯 1 分钟就可以，时间一定不要太久。

② 淋蛋液的时候，提前把火调小一点儿，不要让水沸腾得太厉害。

猪肉黄瓜馄饨

宝宝不爱吃肉？多半还是因为嚼不动，那就将肉剁成肉馅，包成饺子或者馄饨吧。那为啥宝宝还是不喜欢吃呢？或许是因为肉馅太干了。改变这种情况的方法是，增加肥肉的比例，还可以用黄瓜搭配着做馅。黄瓜汁水多，会让原本又紧又干的肉馅变得松散、柔软又多汁，符合小宝宝的口味。

原料（分量：30 个）

猪肉…300 克　黄瓜…3 根　面粉…300 克
水…150 毫升　酱油…少许　盐…少许
橄榄油…少许　葱花…少许　姜末…少许
虾皮…少许

营养物质摄入量 ▼

（每个馄饨的含量）

🌾 / 10 克　　🐟 / 10 克

🧄 / 6 克

做法

要剁 10~15 分钟，剁得细点儿宝宝才更容易吃下去。

01

黄瓜擦丝，然后切碎，撒些盐杀杀水分。

02

猪肉先切成细条，再切成小丁，然后剁成肉泥。

尽量搅拌到没有干面粉的状态。

03

面粉放入盆中，倒入水，用筷子拌成絮状，用手把面絮揉捏成面团。

04

面团转移到案板上，揉至表面光滑，醒约 10 分钟。

梯形的高不能太短，否则馄饨包不严，馅料容易漏出来。

05

醒好的面团一分为二，分别擀开。用刀切出梯形馄饨皮。

06

黄瓜的汁水攥干，然后放入肉馅中。

加橄榄油是为了让肉馅顺滑。

07

加少许盐、酱油、橄榄油、姜末、葱花，顺着一个方向搅拌，让肉馅上劲儿。

不是对折，要倾斜一些。

08

取适量肉馅放在馄饨皮中间。长边在上，短边在下，然后如图所示把短边向上折。

09

将封口处捏紧，再把左下角和右下角对到一起捏紧。这样，馄饨就包好了。锅中水烧开后，下馄饨，煮熟后撒少许虾皮。

时蔬蛋燕

　　蛋燕在做法上感觉比较像煎鸡蛋饼，但煮过之后，口感就变得软软的并且有一点儿筋道。整天给宝宝做辅食，花样都做遍了吗？让我们一起来给宝宝的辅食换个新花样吧。

原料

红薯淀粉…30 克　水…40 毫升　鸡蛋…1 个
水发木耳…10 克　香菇…10 克　葱花…少许
胡萝卜…10 克　盐…少许

营养物质摄入量 ▼

◯ / 30 克　　◯ / 1 个

 做法

面糊最好稀一点儿，这样煎的时候较易成功。

01
红薯淀粉中倒入 40 毫升水，搅拌成稀糊。

02
鸡蛋打散，倒入稀糊中，搅拌均匀后的样子如图。

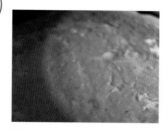

03
平底锅中刷一层油，倒入鸡蛋和红薯淀粉的混合物，让其均匀地铺满锅底。

04
小火煎至两面都熟后盛出，切成细丝。这样，蛋燕就做好了。

05
木耳、香菇切成适合宝宝咀嚼的大小，胡萝卜擦丝。

06
葱花热油下锅，炒香后下木耳、香菇和胡萝卜，炒匀。

07
锅中倒入一碗水。

08
煮开后，放入蛋燕，煮至蛋燕变软即可。

 Tips
时蔬蛋燕的正宗做法是用红薯粉，但我没有买到红薯粉，所以用了红薯淀粉代替。

053

双色蝴蝶馒头

　　宝贝们一天天地长大，对这个世界充满了好奇。第一次看到妈妈做出这么可爱的蝴蝶馒头时，宝宝的表现真的可以用手舞足蹈、欢呼雀跃来形容。原来一个小小的变化就足以让吃饭充满乐趣。

原料（分量：20 个）

面粉…400 克　温水…160 毫升　紫薯…120 克
南瓜…120 克　酵母…4 克

营养物质摄入量 ▼

（每个馒头的含量）

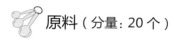 / 20 克　　/ 12 克

 做法

静置至酵母水表面出现细小的泡沫。

01
南瓜、紫薯去皮切块，放入蒸锅蒸 20 分钟。蒸熟后取出，用勺子压成泥。

02
温水分成两份，一份 90 毫升，一份 70 毫升，分别放入 2 克酵母，搅匀，静置约 10 分钟。

03
取 200 克面粉，加入 90 毫升酵母水，拌成絮状后加入紫薯泥，揉成紫薯面团。

04
剩余的面粉中加入剩余的酵母水，搅拌成絮状，加入南瓜泥，揉成南瓜面团。

排气能够让蒸好的馒头表面更光滑。

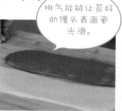

05
面团盖好，静置发酵。发酵好的面团大概揉 5 分钟排气，然后分别擀成长方形面片。

06
将面片叠放在一起，再卷起来，用刀切成宽 2 厘米左右的面团。

07
取 2 个小面团，背靠背地黏合在一起，并用筷子在中间夹一下。

08
馒头坯放入蒸锅，二次发酵完成后，开火蒸 15 分钟，关火再焖 3 分钟即可。

Tips

1 酵母买回来之后，要放在冰箱冷藏，而且最好买小包装的，用完之后一定要密封好，否则会失效。

2 发酵时间并不是固定的哦，要看面团发酵的环境，温度低时间会久一点儿。轻轻按一下面团，如果塌陷了或者有很大的酸味，就说明面团发酵过度了。

3 面团发酵 40 分钟后打开盖子，用食指在面团表面压一个洞，如果凹陷处不回弹，且面团内部出现很多小细孔，说明面团发酵完成。

4 面团放到盆里，再把盆放到盛有 40 ℃热水的锅里，盖好锅盖，或者放到家里阳光充足的地方发酵会更快。

香煎牡蛎饼

很多时候宝宝不爱吃饭，有可能是因为缺锌，所以在平时的喂养当中，一定不要忘记经常给宝宝吃一些补锌的食物，比如贝类、瘦肉、蛋、鱼等。而牡蛎可以说是锌含量最高的食物之一。

原料

牡蛎…25克　鸡蛋…1个　小油菜…15克
面粉…20克　姜片…适量

营养物质摄入量 ▼

/ 20克　　　/ 25克

/ 15克　　　/ 1个

做法

牡蛎易熟，只需煮3~5分钟。

01
牡蛎用流水冲洗干净。锅中加水，放入2片姜，放入牡蛎煮熟。

内脏一定要去掉，否则会影响牡蛎饼的口感。

02
煮熟的牡蛎去掉内脏。

03
牡蛎剩下的部分切碎。

04
鸡蛋打散，加入牡蛎肉、少许面粉和适量水，拌匀，制成面糊。

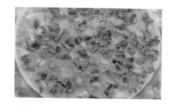

05
小油菜切碎，放入面糊中，拌匀。

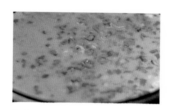

06
热锅冷油，倒入面糊，用小火煎。

07
为了防止饼粘锅，可以把饼的边缘揭起来一点儿，淋一点儿水。

可以借助擀面杖翻面。

08
接触锅底的蛋液凝固时即可翻面。

09
另一面也煎熟后，盛出切块即可。

Tips

① 如果宝宝初次接触牡蛎，一定要少加点儿，并观察宝宝是否有过敏反应。

② 牡蛎肉中可能会有残留的小碎壳，所以要冲洗干净。

建议月龄
18 个月以上

鲜虾比萨

 原料

高筋面粉…100 克	温水…58 毫升	酵母…1 克
熟玉米粒…7 克	鲜虾…3 只	青椒…3 克
番茄…25 克	洋葱…10 克	番茄酱…少许
橄榄油…6 毫升	白糖…少许	红薯…10 克
盐…少许	马苏里拉奶酪碎…适量	

营养物质摄入量 ▼
（1/5 个比萨的含量）

 / 21 克 　　／ 12 克

／ 10 克

做法

静置至酵母水表面出现一层细小的泡沫。

01

酵母放入温水中，搅一下再加入少许白糖，搅匀，放到盛有沸水的盆里静置。

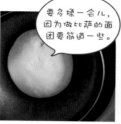

要多揉一会儿，因为做比萨的面团要筋道一些。

02

将高筋面粉放入盆中，加盐并倒入酵母水和橄榄油，用筷子搅拌成絮状，再揉成面团。

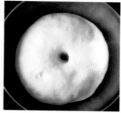

03

面团揉好后，静置发酵，至面团变成原来的2倍大。

04

红薯切块，放入蒸锅蒸约20分钟。

05

虾煮熟后去头去壳，剔除虾线，然后切碎。

06

番茄去皮切块，洋葱切碎，青椒切丝。

07

热锅冷油，倒入番茄，翻炒时把番茄铲碎。

08

倒入洋葱，加少许番茄酱，翻炒均匀，加少许白糖调味，比萨酱就做好了。

尽量擀得薄一些。

09

发酵好的面团擀成8寸的比萨饼饼底。

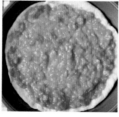

10

饼底放到比萨盘上，戳些小洞，再抹一层炒好的比萨酱。

11

放上蒸好的红薯块、虾仁、青椒丝和熟玉米粒。

马苏里拉奶酪碎烤10分钟就好。

12

比萨放入预热好的烤箱中层，上下火210℃烤约3分钟后，撒上马苏里拉奶酪碎，再烤10~12分钟。

芹菜肉包子

　　我推荐多给宝宝做一些发酵面食，比如馒头、豆沙包等。面粉经过发酵，营养价值会更高，不仅 B 族维生素的含量会增加，而且一些植酸被分解后有利于各种营养素的吸收。

原料（分量：12 个）

面粉…300 克	温水…180 毫升	酵母…3 克
芹菜…120 克	牛肉馅…180 克	盐…少许
橄榄油…适量	酱油…少许	葱花…适量
姜末…适量		

营养物质摄入量 ▼

（每个包子的含量）

🌾 / 25 克　　🐟 / 15 克

🥦 / 10 克

 做法

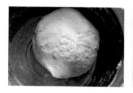

01
将酵母放入面粉中，再倒入温水，用筷子搅拌成絮状。用手揉捏成团。

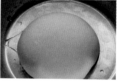

02
面团转移到撒了面粉的案板上，揉到表面光滑后放入盆中发酵至面团 2 倍大即可。

03
芹菜焯水切碎，放入牛肉馅，拌匀后加少许葱花、姜末。加入盐和酱油，拌匀。

> 加油和加水，都是为了防止包子馅太干。

04
加适量橄榄油，搅匀后分次加水，每次加 2 勺，搅拌至水分被吸收后再加下一次。

05
面团发酵好之后，稍微揉一会儿排气，然后揉捏成长条。再用刀切成小剂子，再捏成圆柱体。

> 包子皮要比饺子皮厚很多。

06
用手掌压成圆饼，用擀面杖擀成 2~3 毫米厚的包子皮。

07
取适量肉馅放在包子皮上包成包子。

08
包子放入蒸锅，二次发酵 15~20 分钟。大火蒸 15 分钟左右，再焖 3 分钟，就可以出锅了。

 Tips

① 用来化酵母的水温度一定不要太高，否则容易把酵母烫得失去活性，用手试一下，感觉不烫就可以了。

② 要把面团揉到光滑不会很费力气，每次用手腕的力量揉面的时候，与案板接触的地方就会变得很光滑，再揉一会儿，就可以把面团翻过来。这时，不规整的一面藏在底下，光滑的一面就翻到上面了。

③ 发酵时间与发酵温度有关，如果把面盆放到一个装有热水的大盆中，面团接触到的温度非常高的话，大概 40 分钟就可以发酵好。如果是室温发酵，就需要 1~1.5 小时。

④ 焯芹菜的时间不能太长，时间长了，颜色就不翠绿了。

⑤ 二次发酵也很关键，它决定包子最终的大小以及是否松软。

白酱蔬菜面

给宝宝做辅食真是考验心思呢——既要做得好吃，又不能加太多调料。就拿面条酱料来说，为了让宝宝吃得清淡些，小思妈妈研究了好多酱料，终于发现了一种好吃的天然酱料，就是在西餐中经常会用到的白酱。它自带浓浓的奶香味，用它调味，不用加盐就能做出超级好吃的面条。正宗的白酱是要放黄油的，但我用了植物油来代替。

原料

鸡肉…30 克 西生菜…20 克
白玉菇…15 克 意大利面…30 克
面粉…15 克 牛奶…40 毫升

营养物质摄入量 ▼

/ 45 克 / 30 克

/ 35 克 / 40 毫升

 做法

01
鸡肉去皮切块。

02
白玉菇洗净切块，放入沸水
中煮熟后捞出。

03
西生菜撕小块，也放入锅中
焯熟。

04
鸡肉放入沸水中，煮沸后撇
除浮沫，再炖 20~30 分钟。

05
鸡肉煮熟后取出，去骨切碎。

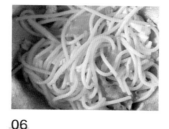

06
意大利面煮熟后盛出，滴入少
许橄榄油，拌匀，再放入鸡肉、
西生菜和白玉菇，拌匀。

07
锅里倒少许油，加入面粉，
翻炒至面粉微微变色。

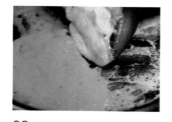

08
倒入牛奶，边倒边搅拌，直
至锅中的牛奶糊变黏稠，然
后关火，白酱就做好了。

09
将做好的白酱放到意大利面
上，拌匀即可。

玫瑰果仁包

 原料（分量：8 个）

花生…15 克　黑芝麻…10 克　核桃…2 个
白糖…5 克　面粉…150 克　南瓜泥…65 克
温水…30 克　酵母粉…1 克　亚麻籽油…1 小勺

营养物质摄入量 ▼

（每个果仁包的含量）

/ 19 克　　/ 8 克

＊另含有坚果。

做法

最好去掉包裹坚果的那层薄皮，不然口感会有一点儿涩。

01
花生、核桃和芝麻放入预热好的烤箱，150℃烤10分钟。

02
花生和核桃去掉外壳，与黑芝麻一起放入料理机，打成粉末。

03
果仁粉中加入1小勺面粉、少许白糖和1小勺亚麻籽油，用勺子拌匀，果仁馅就做好了。

04
面粉放入盆中，在中间挖个小孔，倒入酵母粉，再用面粉把孔堵上。

水温在37℃左右就差不多了。

为了防止面团粘在案板上，可以在上面多撒一些面粉。

05
加入南瓜泥和温水，混合均匀，揉成光滑的面团，盖上保鲜膜，放到温暖的地方发酵。

06
面团发酵至2倍大、中间有很多蜂窝状小孔时，即说明发酵好了。

07
面团放在撒有面粉的案板上揉一揉，整形成长条，再用刀切成小剂子。

08
将小剂子擀成圆形的面饼，再把两个面饼如图所示叠放在一起。

要撒在中间，而且不要撒太多，否则会溢出来！

冷水入蒸锅，然后开始计时。

09
在面饼中间撒适量果仁馅。

10
从下面的面皮开始向上卷，用刀把卷好的面卷平均切成两半。

11
用手把花底的面捏合，然后整理一下，这样玫瑰花就做成了。

12
蒸屉上抹一些油，将果仁包放到蒸屉上，蒸约15分钟，再焖3分钟，直至蒸熟。

Tips

① 如果没有烤箱，也可以用炒锅小火把这些坚果炒熟。

② 南瓜泥要用自制的。制作方法很简单：先将南瓜去皮切条，入锅蒸15分钟，蒸熟后，用勺子压成泥。

③ 如果南瓜泥水分太多，温水就要少加一点儿，否则做出来的南瓜面团就会特别稀，很难成形。

山药蔬菜饼

蔬菜饼也是适合宝宝的辅食之一。蔬菜饼柔软好嚼，常食蔬菜饼可以锻炼宝宝的咀嚼能力，而且里面还能加入好多绿叶蔬菜，让宝宝多吃很多青菜。

好多宝宝对鸡蛋过敏，但如果不加鸡蛋，煎饼的时候又容易粘锅，所以小思妈妈研究出了用山药来代替鸡蛋的方法。山药打成泥后会膨胀很多，还有黏性，煎的时候不容易粘锅，操作起来也比普通的鸡蛋饼方便很多。

对鸡蛋过敏的宝宝这下有口福啦，可以吃到好吃的蔬菜饼了。

原料

山药…30 克　空心菜…30 克　面粉…10 克
丝瓜…20 克　盐…少许（可选）

营养物质摄入量 ▼

/ 10 克　　/ 80 克

做法

01
山药去皮，切成小段，放入
料理机，打成山药泥。

02
面粉和山药泥混合，加适量
水，搅拌均匀，使其呈稀糊状。

03
丝瓜去皮切片，再切成细丝。

04
空心菜洗净，放入沸水中烫
几秒。

05
空心菜微微变软、水有些变
绿后，立即捞出剁碎。

06
空心菜和丝瓜放入山药糊
中，搅拌均匀。

勺子背要蘸点儿
水，否则会很黏。

07
平底锅中刷一层油，倒入少
许山药蔬菜糊，用勺背压平。

小火慢煎，多煎
一会儿，可以酌
情加水。

08
小火煎至一面熟后翻面。

09
将另一面也煎熟即可。

 Tips

① 对于过了周岁的宝宝，可以在第 6 步的时候加少量盐调味。

② 饼比较厚，所以要小火慢煎，多煎一会儿，煎饼的过程中，为了避免烟锅，可以加一点儿水，水干
后如果还没煎熟，可以再加一点儿，直至饼完全煎熟。

核桃杏仁饼

核桃中 n-3 脂肪酸含量丰富，所含的神经递质也有助于促进宝宝的大脑发育和增强记忆力。但核桃不适合直接弄给宝宝吃，很容易卡住喉咙。所以这次小思妈妈尝试把核桃、杏仁或者其他坚果碾碎后加到面糊中煎成饼，这样不仅可以避免宝宝被坚果噎到，还会让饼增色不少。

原料

面粉…35 克　核桃仁…6 克　杏仁…4 克
鸡蛋…1 个　水…35 毫升　白砂糖…少许

营养物质摄入量 ▼

🌾 / 35 克　　◎ / 1 个

＊另含有坚果。

 做法

01

核桃仁和杏仁放入保鲜袋，用擀面杖碾碎。

02

将鸡蛋的蛋黄和蛋白分离。

打发到出现很多小泡泡即可。

03

蛋白中加少许白砂糖，用电动打蛋器搅打3~5 分钟，打发至出现很多小泡泡。

04

蛋黄、面粉和水混合成面糊，拌匀后加入核桃杏仁碎。

05

加入打发好的蛋白，搅拌均匀。

06

平底锅预热后倒入少许油，然后倒入面糊，用铲子均匀地摊开。

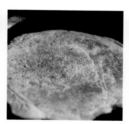

07

煎至晃动平底锅面饼可以移动时，翻面。

08

煎至两面金黄后取出，卷起切段即可。

 Tips

① 与平时煎鸡蛋饼的不同之处在于，我加了打发蛋白这一步，它会让鸡蛋饼多一些蓬松感，口感会更接近蛋糕，比普通的鸡蛋饼要好吃很多。

② 坚果碾碎后一定要仔细检查是否还有较大的颗粒，如果有，要挑出来，防止宝宝噎到。

③ 通常做蛋糕或者溶豆时，需要把蛋白打发至硬性发泡。但做这个饼，千万别打发得太硬，太蓬松的话，口感反倒有些奇怪了，打发至出现很多小泡泡即可。

鲜虾香菇锅贴

锅贴的馅料和饺子的馅料一样，可荤可素。虽然只是改变了外观和做法，但宝宝会觉得比平时吃饺子更有趣。宝妈可以自由选择宝宝喜欢的食材来做，我今天做的是海鲜馅的，一口下去，主食、蔬菜、鲜虾应有尽有，外焦里嫩，味道鲜美，营养丰富，轻轻松松就能抓住宝宝的胃口。

原料（分量：8 个）

鲜虾…5 只 香菇…35 克 饺子皮…8 张
鸡蛋…1 个 胡萝卜…35 克

营养物质摄入量 ▼

（每个锅贴的含量）

🐟 / 10 克   🍸 / 9 克

🐚 / 1/8 个   🌾 / 18 克

 做法

尽量切得碎一些。

01
香菇放入沸水中，焯
一下，捞出切小丁。

02
胡萝卜去皮，擦成细
丝，再切碎。

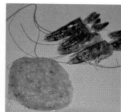

03
鲜虾去头去尾去壳，
挑出虾线，剁成泥状。

04
虾泥中打入鸡蛋，顺
时针搅匀后加入胡萝
卜和香菇，拌匀。

对折捏紧的地方，
最好用手少蘸点
水再捏。

05
取适量馅料放在饺子
皮上。

06
对折，中间部分捏紧，
两边不要全捏上。

07
锅中倒少许油，放入
锅贴，煎至底部金黄。

08
锅里倒少许水，盖上
盖子，小火焖，直到
面皮焖熟。

 Tips

1　一般我们擀好的饺子皮是圆形的，这里最好在圆形的基础上将其拉成椭圆形，这样包出的锅贴长长
　　的，比较好看。对折捏的时候最好用手蘸点儿水再捏，这样不容易散开。

2　焖的时候，一定要用小火。如果水干了，锅贴还没焖熟，可以再酌情加一点儿水。

3　包好的锅贴可以放到冰箱中冷冻一会儿，这样煎的时候不容易变形。

4　大概焖 8 分钟后，尝一下面皮，熟了之后再出锅。这种锅贴再搭配点儿汤就可以单独作为宝宝的一
　　餐饭啦。

5　如果宝宝对鸡蛋过敏，也可以不加鸡蛋。

鸡毛菜炒面

　　我经常给宝宝煮汤面吃，后来宝宝逐渐对面条失去了兴趣。于是我尝试给宝宝做蔬菜炒面，结果却意外地俘获了宝宝的芳心。宝宝不仅吃了面条，连蔬菜都吃光了，真的是一举两得哟。

原料

面条…35克　洋葱…25克　鸡毛菜…25克
番茄…30克　鸡蛋…1个　酱油…少许

营养物质摄入量 ▼

/ 35 克　　　/ 80 克

/ 1 个

 做法

01
洋葱洗净切丝；番茄
洗净，去皮切块。

02
鸡蛋打散。

不要焯太久，30
秒左右即可。

03
锅中倒入水，烧开后将
洗净的鸡毛菜倒进去
焯30秒，捞出后切段。

04
锅中倒少许油，油热
后倒入蛋液炒熟，盛
出备用。

一定不能煮至
全熟。

05
锅中加入适量水，烧
开后放入面条，煮至
7成熟。

06
煮好后捞出，用温水
反复冲洗面条，然后
放入温开水中备用。

07
锅中倒入少许油，油
热后放入洋葱炒香。
加入煮好的面条，倒
入少许酱油调味，小
火炒匀。

08
加入番茄，炒软后加
入鸡蛋，小火翻炒。
加入鸡毛菜，小火将
所有食材炒匀。

 Tips

① 去除蔬菜中残留农药最好的办法不是用各种粉来浸泡，而是直接焯水。但焯水的时间不要太久，30
　秒左右即可。

② 煮面条的时候，一定不能煮至全熟，如果煮至全熟，面条后面就会越炒越黏。我大概煮了3分钟，
　尝了一下面条，里面还有一点点硬芯。

③ 用温水反复冲洗煮好的面条可以让面条变得清爽一些，能改善炒制时发黏这个问题。

④ 炒面时，各种食材的翻炒顺序非常重要，不易炒熟或者需要爆出香味的菜先放，接着放面条和酱油，
　然后放易熟的菜和鸡蛋，最后放绿叶菜。

⑤ 全程保持中小火翻炒，否则面条很容易煳锅。如果锅中较干，可以酌情加一点儿水。

萝卜牛肉面

萝卜汤的味道超级赞，萝卜汤用来给宝宝煮面，不放调料面的味道都那么鲜美。为了让面条的营养更丰富，我还加了白萝卜、牛肉和奶白菜。牛肉补铁，奶白菜有提高免疫力、清热除火之功效，一碗营养丰富的面条轻轻松松就做出来了。

原料

字母面…30 克	牛肉…32 克	白萝卜…25 克
奶白菜…5 克	盐…少许	葱…少许
姜…少许	蒜…少许	

营养物质摄入量 ▽

🌾 / 30 克　　🐟 / 32 克

🥬 / 30 克

做法

01

牛肉用冷水泡30分钟，泡好后切块备用。

02

白萝卜切块备用。

03

葱切段，姜、蒜切成大片。

04

牛肉冷水下锅，水沸时撇去浮沫，焯至牛肉变色后捞出。

05

牛肉和葱、姜、蒜倒入高压锅中，加适量水，炖好后，捞出葱、姜、蒜和牛肉。

06

另起一锅，加水，水开后将奶白菜下入锅中，焯30秒后捞出切碎备用。

07

取适量高压锅中的汤倒入汤锅，再往汤锅中加入牛肉和白萝卜，炖约20分钟。

08

出锅前10分钟，下字母面，煮约10分钟。加入奶白菜，煮熟后即可关火盛出。

 Tips

1 在给宝宝选择面条的时候，一定要看一下配料表，最好挑选不含盐分和添加剂的。还要看一下成分表的钠含量，尽量挑选钠含量比较低的面条。

2 葱、姜、蒜要切大一些，这样比较容易捞出。

3 水要一次性加足，中间尽量不要再加水了，因为肉热后再遇到冷水的刺激会紧缩变硬，不容易煮烂且口感发柴。如果掌握不好水量，可以多加一些，压好的牛肉汤可以用来煮面，剩余的也可以放到冰箱中冷冻起来，下次再用。

4 白萝卜也可以跟牛肉一起用高压锅煮烂。下锅早的话，白萝卜会煮得更烂、更入味。

蔬菜卷饼

这些看起来很寻常的炒菜，用饼卷起来，就会增加很多趣味性，宝宝会很好奇地想要咬一口。

原料（分量：12 个）

面粉…70 克　土豆…70 克　洋葱…40 克
秋葵…35 克　苦苣…30 克　胡萝卜…30 克
鸡蛋…1 个　　盐…少许　　醋…少许
葱丝…若干

营养物质摄入量 ▼
（每个卷饼的含量）

🌾 / 6 克　　　🍸 / 17 克

◈ / 1/12 个

 做法

切得越细越好。

01
土豆、洋葱、胡萝卜
分别洗净，切成细丝。

02
土豆丝放入水中浸泡
备用。

03
秋葵放入沸水中焯
2~3 分钟，苦苣放入
沸水中焯 30 秒。秋葵
和苦苣都捞出，切成
细丝。

不要一次性倒太
多水，要分多次
加水。

04
锅中倒油，油热后下
洋葱炒香，下胡萝卜
丝和土豆丝继续炒，炒
的过程中倒入少许水，
防止煳锅。

05
锅中蔬菜炒软后，加
入苦苣丝和秋葵丝炒
匀。加少许盐和醋调
味，炒匀后盛入碗中
备用。

06
面粉中加水，边倒边
搅拌，直至搅匀。搅
好的面糊中打入鸡蛋，
顺时针搅拌至面糊中
无颗粒。

07
锅热后，刷一点点底
油，倒入面糊并摊开，
小火慢煎，一面煎好
后翻至另一面继续煎，
将另一面也煎熟。

08
在饼的一侧放上之前
炒好的蔬菜，将饼卷
好，捆上葱丝即可。

 Tips

① 土豆丝切完放入水中是为了去除淀粉，防止变黑，这样炒出的土豆丝口感更好。

② 秋葵虽然能生吃，但是口感不是很好，带有淡淡的涩味，而经过焯水处理之后，秋葵口感滑润不腻，
脆嫩多汁。此外，秋葵极易被擦伤，擦伤后很快就会变黑，挑选或储存时要单个取放，不要挤压。
放入冰箱前最好用保鲜袋装好，并尽量让其并排平躺。

③ 第 4 步倒水时不要一次性倒得太多，否则锅内温度下降太快，菜就不好吃了，要分多次加水，每次
少倒一点儿。

建议月龄
18 个月以上

麻酱拌面

芝麻酱的营养十分丰富，含丰富的维生素 E 和矿物质等营养成分，蛋白质含量比瘦肉还高，含钙量更是仅次于虾皮，因此，吃芝麻酱可以促进宝宝骨骼和牙齿的发育。此外，芝麻酱还含有芝麻酚，其香气可增强宝宝的食欲。

原料

面条…23 克　鸡毛菜…10 克　绿豆芽…10 克
黄瓜…10 克　胡萝卜…10 克　芝麻酱…适量

营养物质摄入量 ▼

/ 23 克　　/ 40 克

 做法

01
锅中加水，水烧开后，将绿豆芽放入锅中焯熟后捞出。

02
胡萝卜去皮切丝，水烧开后倒入锅中煮熟，然后捞出。

03
另起一锅，水烧开后，将鸡毛菜倒入锅中焯30秒。

04
将黄瓜切成细丝，然后将焯好的胡萝卜、鸡毛菜和豆芽切碎，分别装入小碗中备用。

05
芝麻酱中倒少许凉白开，搅拌，让芝麻酱和水充分混合在一起。

煮面过程中，加两次水。

06
水烧开后，放入面条煮熟，面条煮熟后，立即捞出放入凉白开中。

07
面条沥干放入大碗中，加入胡萝卜、黄瓜、鸡毛菜和豆芽。

芝麻酱倒入碗中之前，一定要再次搅拌。

08
芝麻酱再次搅拌均匀，倒入碗中，最后将所有食材搅拌均匀。

 Tips

1　绿豆芽营养丰富，绿豆在发芽过程中，维生素C的含量会增加很多，而且部分蛋白质也会分解成人体所需的各种氨基酸，可达到绿豆原含量的7倍，所以绿豆芽的营养价值比绿豆更高。但豆芽中的膳食纤维较粗，不易消化，要视宝宝的消化能力而定，建议宝宝大一些后再逐渐添加。

2　鸡毛菜可以用小油菜、小白菜或者菠菜代替。

3　我在煮面的过程中一般会加两次水，下完面煮沸后添加一次，第二次煮沸后再添加一次，最后再次煮沸后就可以捞出了。

4　过凉是为了让刚煮好的面条收缩一下，这样面条会更爽口，而且面条的表面会比较滑，不容易粘到一起。

5　之前搅拌好的芝麻酱可能会有些许沉淀，所以倒入面条之前，一定要再次搅拌。

6　对于2岁以上的宝宝，做这道面食时还可以少加一点儿无添加酱油来调味。

栗子玉米面奶香饼

　　玉米面营养价值高，富含亚油酸和维生素 E，但是口感粗糙，宝宝不爱吃纯玉米面饼，他们更容易接受混合面粉和栗子做成的饼。对于 11 个月以上的宝宝，可以添加玉米面，对于不足 11 个月或者腹泻的宝宝，建议不加玉米面。

原料

玉米面…10 克　面粉…20 克
栗子…4 个　　蛋黄…1 个
冲调好的配方奶…80 毫升

营养物质摄入量 ▼

🌾 / 30 克　　🍼 / 80 毫升

◎ / 25 克

* 另含有坚果。

 做法

01
栗子冷水下锅，煮 25 分钟
后取出，用刀切成两半。

02
把栗子肉挖出，压成泥用滤
网过滤一下，制成细腻的栗
子蓉。

03
玉米面、面粉、栗子蓉和蛋
黄混合，拌匀后加入配方奶，
搅匀。

04
锅烧热后，倒入适量面糊，
让面糊在锅中流动，变成小
圆饼。

05
面糊凝固后翻面，等小饼两
面都煎熟后，就可以出锅了。

Tips

① 让小饼变得柔软的关键是要多加液体，如配方奶、牛奶或者水，一定要多加一些，面糊非常非常稀，
饼才会软。

② 煮栗子一定要多加水，水干得特别快，千万别因为水少而煳锅。

③ 在挑选栗子的时候，可以尝试一下油栗，油栗个头比板栗小，味道比板栗甜。

④ 栗子肉一定要做成蓉才能入饼，我有个特别好的办法，就是用滤网过滤。

⑤ 如果不粘锅给力的话，在烙饼的时候，可以不刷油。要是容易粘锅，需要刷一层油来防粘。

⑥ 看到面糊表面呈半凝固状态时用铲子试一下，面糊如果粘锅，说明还不适合翻面，如果很容易铲动，
就说明可以翻面了。

臊子面

臊子面颜色鲜艳，味道浓香，荤素搭配，营养丰富。臊子是面的灵魂。宝妈可以添加各种蔬菜、菌类作为配菜。臊子面非常适合宝宝享用，而且做法超级简单，你也可以轻松做出一碗臊子面哦。

原料

面条…20克	豆腐…15克	猪里脊…15克
鸡蛋…1个	莴笋…10克	干木耳…15克
土豆…15克	淀粉…2克	胡萝卜…10克
酱油（无添加）…少许		

营养物质摄入量 ▼

🌾 / 20克　　　🐟 / 15克

🥛 / 50克　　　🥚 / 1个

* 另含豆制品。

 做法

> 千万不要用热水清洗猪肉。

01
干木耳洗净，用冷水泡发。

02
猪里脊洗净，然后剁成肉末。

03
胡萝卜、莴笋和土豆分别切小丁，放入沸水中，焯3分钟后捞出。

04
木耳放入沸水中，焯2分钟后捞出切碎。

> 切豆腐前，先将刀放入水中浸一下。

05
豆腐放入沸水中，焯1分钟后捞出切小丁。

06
在碗中将鸡蛋打散。

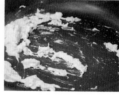

07
锅中倒油，油热后倒入量好的蛋液，炒熟后盛出备用。

08
锅内倒油，下肉末炒至颜色变白，加酱油，下胡萝卜、莴笋、土豆和木耳，炒3分钟。

> 翻炒豆腐时要用锅铲背面轻推。

09
倒入豆腐，继续翻炒1分钟，加适量水。

10
大火煮沸后倒入炒好的鸡蛋，拌匀后再煮1分钟。加少许水淀粉勾芡，煮至汤汁变浓稠。

11
面条放入沸水中煮熟，捞出放入凉白开中。

12
面条盛入碗中，浇上臊子即可！

素炒面疙瘩

宝宝平时吃得最多的辅食类型莫过于面条、米粥或者拌饭。这些辅食不仅做起来方便，还可以随意搭配很多蔬菜，让宝宝摄入更均衡的营养。不知道宝贝们总吃汤面会不会有些腻烦了，妈妈们不妨换个做法，做一道素炒面疙瘩吧。面疙瘩做起来，比面条简单省事儿多了。炒疙瘩不仅口感筋道，还可以锻炼宝宝的咀嚼能力。

原料

面粉…30克　胡萝卜…15克　熟玉米粒…15克
黄瓜…15克　洋葱…7克　酱油（无添加）…少许

营养物质摄入量 ▼

🌾 / 45克　　🍗 / 37克

 **做法**

01
面粉中加适量水，先拌成絮状，然后揉成面团。

02
盖上盖子，将面团放在温暖处醒发15分钟左右。

03
洋葱、胡萝卜和黄瓜洗净后，分别切丁。

04
水烧开后，放入胡萝卜煮10分钟左右，煮熟后捞出备用。

05
面团醒好后，在案板上撒一层面粉，然后用擀面杖将面团擀开、擀薄。

06
用刀将面皮切成大概5毫米宽的长条，边切边撒面粉防粘。

07
面条切成小疙瘩，撒一些面粉拌开。

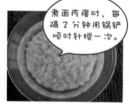

煮面疙瘩时，每隔2分钟用锅铲顺时针搅一次。

08
小面疙瘩倒入沸水中煮熟，然后盛出，放到冷水中冷却，防止粘连。

09
洋葱热油下锅，炒香后下熟玉米粒炒2分钟，下胡萝卜，炒2分钟后下黄瓜，炒1分钟。

10
倒入少许无添加酱油调味，炒匀后下面疙瘩，翻炒3分钟即可。

 Tips

① 醒面可以让面团变得柔软一点儿，方便后面做出各种造型。

② 判断面团是否醒好的方法：用手指轻轻压一下面团顶端，手指拿开后，如按压处不能恢复原状，略微下陷，说明面已醒好；如按压处很快恢复原状，说明面团尚未醒好。

时蔬肉酱意大利面

酱料是每道意面的灵魂，番茄肉酱是最常见的酱料之一。但只有番茄肉酱怎么够，小思妈妈还加了很多像洋葱、芹菜等平时不那么讨喜的蔬菜在里面，让好吃的意面营养更丰富。每根意面都裹上了浓浓的番茄汁，既有蔬菜的清香，又有肉末的香味。每次做好，宝宝都吃得满嘴番茄汁，像小花猫一样！

原料

意大利面…25 克　　番茄…25 克　　猪肉…10 克
胡萝卜…7 克　　　洋葱…7 克　　　芹菜…7 克
橄榄油…少许　　　盐…少许　　　　番茄酱…少许

营养物质摄入量 ▽

🌾 / 25 克　　　🐟 / 10 克

🥦 / 46 克

做法

意面煮熟后不用过凉。

01
锅内倒水煮沸，加少许盐，下意面，煮15~20分钟后捞出，滴少许橄榄油，拌匀。

02
猪肉剁成末，胡萝卜和芹菜切小丁，番茄去皮切碎，洋葱切碎。

03
锅中倒少许油，下肉末，煸炒至颜色变白后盛出备用。

04
另取一锅，倒适量油，下洋葱炒香。倒入胡萝卜、芹菜和番茄，翻炒。

05
炒至番茄出汁后加适量水，水要没过食材，然后加入煸炒好的肉末炖煮。

06
炖煮至胡萝卜和芹菜全熟，加入一点儿番茄酱，拌匀。

07
小火熬煮至汁快收干时，将意面倒入锅中。

08
将所有食材搅拌均匀。

 Tips

1　芹菜茎钠含量比较高，本身就有一股淡淡的咸味，所以烹饪芹菜时要少放盐，甚至可以不放盐，避免让宝宝摄入太多钠。

2　一般意面的包装上都有建议的煮面时间，宝妈可以参考上面的时间，然后再多煮5分钟，因为意面不好熟，也不好咀嚼，最好煮得软烂一点儿再给宝宝吃。

3　意面煮熟后，不用像普通面条那样过凉，因为意面煮好后接触冷水后会变硬，可以滴入少许橄榄油来防止意面粘连在一起。

4　为宝宝挑选意大利面的时候，首先要看配料表，除了小麦粉和水，没有其他添加剂的是最好的。其次要看营养成分表，钠的含量为0的是最好的。

冬笋高汤面

熬煮好的素高汤营养价值很高，既有胡萝卜的甜味，又有冬笋的鲜味。素高汤不含油脂，味道清淡，非常适合小宝宝。宝妈可以多熬一点儿冷冻起来，平时给宝宝煮面或者做汤的时候都可以用，不仅能提味，还能让汤汁更有营养。

原料

字母面…10克　香菇…7克　菠菜…7克
胡萝卜…25克　冬笋…25克　枸杞…少许

营养物质摄入量 ▼

🌾 / 10克　　🍄 / 14克

 做法

如果想多熬一点儿高汤，可以多加一些水。

01
胡萝卜去皮，切滚刀块。冬笋切滚刀块。

02
胡萝卜和冬笋放入锅中，加适量水，熬煮约20分钟后，捞出胡萝卜和冬笋。

03
香菇放入沸水中，焯1分钟，然后捞出沥干并切碎。

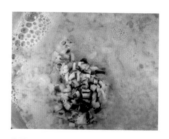

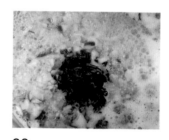

04
另起一锅，放入菠菜焯30秒后捞出沥干并切碎。

05
素高汤倒入锅中，放入字母面，大火煮沸后下香菇，转小火，煮约10分钟。

06
临出锅前，倒入切碎的菠菜，稍煮一会儿，菠菜熟了，散少许泡好的枸杞即可。

 Tips

① 在给宝宝选面条的时候，一定要看一下配料表，最好挑选不含盐分和添加剂的。还要看一下成分表中的钠含量，尽量挑选钠含量比较低的面条，有些宝宝面条每100克的钠含量高达1200毫克，比一些成人面条的钠含量还要高。

② 尽量用新鲜的冬笋来熬高汤，实在买不到的话，也可以用袋装冬笋来替代。

③ 熬素高汤时水的用量可以酌情调整，如果想多熬一点儿高汤留着以后给宝宝煮面的话，可以多加一些水，剩下的高汤放凉后冷冻起来，每次煮面的时候，都可以拿出来用。

④ 捞出的胡萝卜和冬笋不要直接扔掉，可以稍微加工一下炒着吃。

莲藕排骨面线

如果用清水来煮面线，味道难免有些寡淡。于是我将莲藕和排骨煮熟打成浓汤，再将面线下到莲藕排骨浓汤中。这道面线味道香浓，营养更是一百分！更主要的是可以换个方式让宝宝把肉泥吃掉。

原料

排骨…40 克　莲藕…20 克
面粉…20 克　鸡蛋…1 个
葱段…适量

营养物质摄入量 ▼

/ 20 克　　/ 40 克

/ 20 克　　/ 1 个

 做法

01
莲藕去皮洗净，切成
薄片。

02
排骨洗干净，冷水入
锅，焯至变色后捞出。

03
排骨和莲藕放入高压
锅，加入适量葱段和
热水，炖煮约 30 分钟
后关火，将葱段取出。

04
排骨炖好后捞出，剔
除骨头。

挤面糊的时候，
要分次挤入，裱
花袋要距离锅
15~20 厘米。

05
排骨肉和莲藕倒入料
理机中，加 75 毫升排
骨汤，搅打成莲藕排
骨浓汤倒入锅中。

06
在碗中将鸡蛋打散。

07
碗中加入面粉，搅拌
至无颗粒，装入裱花
袋中。

08
锅中的莲藕排骨浓汤
煮沸后，转小火，将
面糊挤到锅中，小火
煮 2~3 分钟即可。

 Tips

1　尽量挑选藕节短、藕身粗，并且两端藕节均完整的莲藕，这样可以保证莲藕里面不会有很多泥沙，
　　比较干净。

2　做面线的时候，如果面糊太稀，那么入锅后就很容易松散；如果太干的话，面糊就不能顺畅地流到
　　锅内，最后就变成疙瘩汤了。所以一定要掌握好蛋液和面粉的比例，我用了一个鸡蛋，加了 20 克
　　面粉。

3　往锅中挤面糊的时候，可以分次挤入。先挤入 1/3 的面糊，等到面线稍微定型后，再次挤入 1/3 的
　　蛋糊，这样流到锅中的面线就不容易粘连在一起了。

4　挤的时候，裱花袋要距离锅 15~20 厘米，因为如果距离太近的话，锅内的水蒸气会将面糊蒸熟，
　　这样面糊就不能顺畅地流下来了。而且挤的动作要连贯，要让面糊连续地流到锅中。

奶酪番茄焗面

这道奶酪番茄焗面真的太好吃了，用叉子挑起奶酪时会拉出长长的奶酪丝，散发出的味道特别浓郁，往下叉，就是酸甜的番茄酱汁，还有Q 弹嫩滑的意大利面，从表层的奶酪到最后的主角——意面，味道各不相同。

原料

意大利面…25 克　北极虾…2 只　洋葱…7 克
自制肉丸…1 颗　菌菇…23 克　奶酪…适量
番茄酱…适量　　盐…少许　　橄榄油…少许

营养物质摄入量 ▼

/ 25 克　　／ 20 克

／ 30 克

 做法

01
锅内倒水煮沸，加少许盐，下意面，煮熟后捞出，滴少许橄榄油，拌匀。

02
肉丸切成适合宝宝咀嚼的小块。

03
北极虾去头、去尾、去壳，切成小块。

04
水烧开后，放入菌菇焯3分钟，捞出切碎。

05
洋葱切碎；锅中刷一层油，油热后倒入洋葱炒香。

06
放入菌菇、肉丸和北极虾，然后小火翻炒3分钟。

07
加入2小勺番茄酱，倒入一小碗水，炒匀，大火煮沸后转小火煮至汤汁微微收浓，酱料就做好了。

08
意面盛入烘焙碗，浇上酱料，撒上奶酪，放入预热好的烤箱中，上下火180℃烤约8分钟。

 Tips

① 在选购番茄酱的时候要注意看配料表，最好选择配料表中只有番茄和食盐的，加了番茄酱就不要再加盐了。有的番茄酱中添加剂比较多，最好不要给宝宝吃。

② 番茄酱比番茄沙司酸，所以少加一点儿就可以了。如果宝宝平时不喜欢吃酸的，可以再加入1小勺白糖调味。

③ 如果没有番茄酱的话，可以将番茄切碎，然后炒至出汁代替番茄酱。

④ 不同品牌的意面煮熟的时间不尽相同，大多为15分钟左右。妈妈们可以参照包装上面的参考时间，在那个基础上再多煮3分钟，这样煮出的面更适合宝宝咀嚼。

⑤ 菌菇我选用的是白玉菇、蟹味菇和香菇，妈妈们也可以选用别的菌菇。

Chapter 3
百变米饭

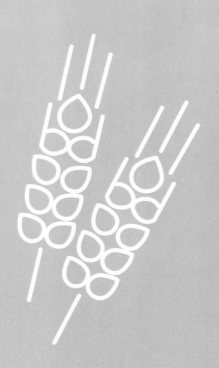

蛋皮包饭

假期带宝宝出去玩，做个紫菜包饭给宝宝当便当非常合适。但紫菜做的皮，宝宝不容易嚼碎，我们可以用蛋皮来替代紫菜，蛋皮不仅好看，吃起来还很方便。

原料

鸡蛋…1个　黄瓜…10克　胡萝卜…7克
菠菜…8克　肉松…7克　米饭…15克
淀粉…少许　面粉…少许　寿司醋…适量

营养物质摄入量 ▼

／15克　　／25克
／1个　　／7克

 做法

01
菠菜焯熟切碎，胡萝卜擦丝
后煮熟，黄瓜切丝，肉松放
到碗里备用。

不时尝一下味道。

02
寿司醋一点点地拌入米饭。

03
鸡蛋打散，加少许淀粉和面
粉，搅拌均匀。

可以稍稍摊得厚
一些，太薄
容易碎。

04
蛋液倒入平底锅摊成蛋皮，
取出放在寿司帘上，在上面
先放上米饭。

05
然后依次放上胡萝卜、菠菜、
黄瓜和肉松。

06
卷起寿司帘，捏紧，卷好后
用刀切块即可。

 Tips

① 煎蛋皮时如果煎破了，可以切碎放到馅料中。
② 蛋皮包饭如果容易散开，可以用水果签或者牙签来加固。

彩蔬虾仁饭团

下面这款彩蔬虾仁饭团基本没放什么调料，因为鲜虾本身有咸味。宝宝很给面子，吃了好多，我把它推荐给妈妈们。这个饭团还可以当便当，外出就餐或郊游的时候带着，非常方便。

原料

米饭…20克　鲜虾…40克　胡萝卜…15克
黄瓜…15克　盐…少许（可选）

营养物质摄入量 ▼

/ 20 克　　/ 30 克

/ 40 克

做法

切得碎一些。

01

虾去头、去尾、去壳，剔除虾线，切碎。胡萝卜和黄瓜切小丁。

02

锅里倒油，烧热后下虾肉和胡萝卜丁炒熟。

03

倒入黄瓜丁，翻炒均匀，盛出备用。

04

加入米饭，用手把米饭和菜抓匀，可以加入少许盐调味。

这步很重要，否则饭团容易散。

05

取适量拌饭，放在保鲜膜上并包好，用手挤紧、捏紧、压实。

06

将饭团揉圆，拿掉保鲜膜，圆圆的饭团就做好了。

 Tips

① 米饭不能焖得太干，焖黏一点儿。米饭黏性好，饭团才不容易散。

② 捏饭团的时候要用手使劲往一起挤，然后捏紧。

时蔬饭团

米饭除了配炒菜吃，还有好多别的吃法。宝宝不爱吃米饭？妈妈们不妨换个花样，做成饭团试试。看家里有什么食材，胡萝卜、黄瓜、玉米、蛋黄或者炒熟的鸡蛋等都可以放进去。

原料

胡萝卜…20 克　黄瓜…15 克　米饭…40 克
海苔碎…适量　盐…少许

营养物质摄入量 ▼

 做法

01

胡萝卜切丁，黄瓜切丁。

多翻炒一会儿。

02

锅中倒少许底油，下胡萝卜
丁炒熟。

03

下黄瓜丁翻炒，然后加少许
盐调味。

04

米饭和胡萝卜丁黄瓜丁混
合，放入海苔碎，拌匀。

05

取一小部分米饭混合物，用
保鲜膜包好，用手搓成饭团。

06

打开后，就成一个可爱的小
饭团了。

 Tips

① 如果有寿司醋的话，可以加一点儿进去，饭团的味道会更好。

② 宝宝月龄小的话，胡萝卜和黄瓜要切得碎一点儿。

时蔬鳕鱼焖饭

鳕鱼本身就有鲜香味，再加点儿蔬菜，就算不用盐调味，宝宝也会超爱吃。这种大杂烩不仅可以让宝宝吃得更有营养，我们还可以"暗度陈仓"，把宝宝不喜欢的蔬菜加到里面哟。

原料

鳕鱼…20克　胡萝卜…15克　水发木耳…20克
菜心…20克　大米…30克　　盐…少许（可选）
洋葱…适量　葱…少许

营养物质摄入量 ▽

🌾 / 30克　　🍶 / 55克

🐟 / 20克

做法

大米和水的比例为 1:4。

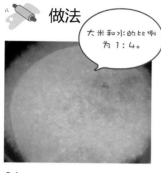

01
大米放入电饭锅中，加水，按下"煮粥"键，焖40~60分钟。

02
木耳和洋葱切碎，胡萝卜擦丝，葱切碎。

03
鳕鱼煮熟，去皮去刺，用筷子夹碎。菜心焯好切碎。

04
炒锅中倒油，下洋葱和葱花炒香，待洋葱变软后，放入胡萝卜和木耳。

05
添少许水，把菜煮熟，汤汁快收干时，放入菜心、软米饭和鳕鱼，炒匀即可。

 Tips

1 因为煮米饭加的水比煮粥加的少，所以煮出来的粥特别稠，就是软米饭了。

2 对于周岁以上的宝宝，可以在第4步少加点儿盐调味。

3 对于12~18个月的宝宝，可以选择其中的一样或者两样配菜，太多怕宝宝不能消化。

4 鳕鱼很容易煮熟，肉的颜色由透明变成白色之后，再煮一会儿就可以了。

彩蔬粉蒸饭

夏天天气炎热，就怕宝宝因饮食不当上火，其实，只要宝宝不吃油炸食物，少吃煎的食物，多吃蒸菜，就不会轻易上火。粉蒸饭的一大问题就是蒸好后的菜非常干，所以蒸之前一定要多加一点儿水。这道粉蒸饭用了牛肉、紫甘蓝和红薯，这三种食材蒸出来颜色非常漂亮，营养也很丰富哦。

原料

牛肉…35 克　紫甘蓝…30 克　红薯…25 克
大米…25 克　米饭…25 克　　盐…少许（可选）
蛋白…适量

营养物质摄入量 ▼

🌾 / 50 克　　🥦 / 55 克

🐟 / 35 克

 做法

01
紫甘蓝切碎，红薯切小块。

蛋白和水会让牛肉的口感变嫩很多。

02
牛肉剁成肉糜，加入适量蛋白，用手抓匀后加些水抓匀。

锅中不倒油。

03
大米洗净晾干，放入炒锅，翻炒至微微发黄、闻起来有香味。

多搅打一会儿，越细越好吃。

04
炒好的大米放入料理机中，打成米粉。

尽量让食材都裹上米粉。

05
红薯、紫甘蓝和牛肉中分别加米粉，抓匀，入蒸锅蒸约20分钟。

06
取一个盘子，铺上已经焖好的米饭，再铺上蒸好的牛肉和蔬菜。

 Tips

① 我用的是牛里脊，因为这部分肉的铁含量相对高一些，肉也比较嫩。尽量挑选颜色鲜红的牛肉，暗紫色或深红色的多为冷冻时间较长、反复解冻的牛肉。

② 对于周岁以下的宝宝，可以不加盐，过了周岁的宝宝如果能接受无盐辅食，也可以不加盐，或者根据宝宝的口味，在加米粉那步加少许盐调味。

③ 牛肉的肌肉纤维比较粗，不容易嚼动，所以我加了蛋白和水，这会让牛肉的口感变嫩很多。对于那些对蛋白过敏或者还没有吃过蛋白的宝宝，可以不加蛋白，多加一些水。

④ 蒸菜时，一定要用大一点儿的盘子来盛食物，如果用碗的话，食物会摞得特别高，受热会不均匀，菜不易蒸熟。另外，最好把紫甘蓝单独盛在一个盘子里，紫甘蓝熟得比较快，可以提前取出来。

鳕鱼时蔬饭团

鳕鱼就是这款饭团的调味主力军和营养主力军。鳕鱼营养价值非常高，富含优质蛋白质，各种维生素以及钙镁等矿物元素含量也比较高，而脂肪含量低至 0.5%。它不仅可以促进大脑发育，还可以增强记忆力。

原料

大米…15 克　红米…7 克　小米…7 克
鳕鱼…15 克　菜心…7 克　胡萝卜…7 克
黄瓜…7 克

营养物质摄入量 ▼

/ 29 克　　/ 21 克

/ 15 克

 做法

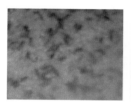

01
红米提前浸泡一晚。

> 蒸鳕鱼的时间不
> 要太长。

02
鳕鱼放入蒸锅，蒸
6~8 分钟，蒸熟后去
皮去刺，弄碎。

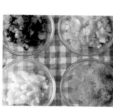

03
菜心焯熟后切碎；胡
萝卜擦丝后切碎；黄
瓜切小丁。

> 加的水要比焖大
> 米饭的多一些，
> 因为粗粮吸水多。

04
大米、红米、小米都
淘洗干净，放入电饭
锅，加适量水，焖熟，
制成粗粮饭。

05
锅中倒少许油，下胡
萝卜炒熟，下黄瓜和
菜心炒匀。出锅前下
鳕鱼，再次炒匀。

> 混合前先用饭勺
> 翻一翻米饭，让
> 米饭更有黏性。

06
按 1:1 的比例，把饭
与菜混合，拌匀。

07
取适量米饭混合物，
用保鲜膜包住，压紧
压实。

08
用手将饭团搓圆，再
从保鲜膜里取出来。

 Tips

1　红米属于粗粮，不太好消化，所以需要提前泡一泡。对于 18 个月以下的宝宝，可以不加红米。夏
　　天温度高，如果泡米最好放到冰箱里冷藏。

2　蒸鳕鱼的时间不要太长，只要保证蒸熟就可以了，蒸过火了鱼肉就没那么鲜嫩了。

3　擦完的胡萝卜丝虽然很细，但还是有点儿长，不适合做饭团，所以还要切碎。

107

蛋卷包饭

海苔中含有 12 种维生素，且富含钙、钾、碘、铁和锌等矿物质，可以预防宝宝缺碘。挑选海苔的时候，可以观察一下成分表，尽量挑选不含谷氨酸钠等成分的海苔。

原料

> 米饭…50克　西蓝花…5克　胡萝卜…6克
> 黄瓜…6克　　玉米粒…7克　海苔…3片
> 淀粉…10克　　小白菜…6克　鸡蛋…1个
> 盐…少许　　　米醋…少许

营养物质摄入量 ▼

🌾 / 57克　　🍗 / 23克

🥚 / 1个

做法

01

黄瓜切丁，胡萝卜切丁，西蓝花焯熟后切碎，海苔撕碎，小白菜焯熟切碎。

02

玉米粒倒入锅中煮熟，然后下胡萝卜和黄瓜丁，煮熟后盛入碗中。

03

西蓝花和小白菜碎放入盛玉米的碗中。

04

另取一个大碗，放入米饭，用手把米饭拌得黏一点儿。倒入全部的蔬菜，搅拌均匀。

> 海苔最后才加入，放得太早，就不脆了。

05

加1小勺米醋、一点儿盐，搅拌均匀后加入海苔。

06

鸡蛋打散，加入淀粉搅拌，然后过滤备用。

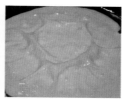

07

锅中加入少许油，油热后倒入蛋液，煎至两面金黄。

08

煎好的鸡蛋饼平铺好，放上准备好的拌饭，卷好切块。

 Tips

① 对于2岁以下的宝宝，暂时不要添加玉米粒，宝宝不会吃的话，容易被玉米粒卡住嗓子。

② 胡萝卜比较难煮，所以要切得比黄瓜丁小一点儿。

③ 加点儿淀粉，可以增加鸡蛋饼的韧性，就没那么容易破了。把淀粉加到鸡蛋中，最恼人的便是会出现很多淀粉块，用筷子怎么搅都搅不开。这时，不妨试试用滤网过滤一下。过滤的时候，用筷子转着圈搅一搅，淀粉会自然地过滤到蛋液中。

④ 卷的时候，尽量压紧压实一点儿。

⑤ 切的时候，尽量不要直接一刀切下去，而是要用刀拉锯式地切，这样米饭不容易掉出来。

南瓜时蔬烩饭

把蔬菜焯一焯、切一切，加上米饭一烩，简单又方便。据我了解，很多过了周岁的宝宝都特别喜欢烩饭。这道烩饭中我还加了一些之前做好的虾皮粉，味道非常鲜美！

原料

米饭…20 克　南瓜…40 克　胡萝卜…20 克
香菇…12 克　油菜…20 克　水发木耳…8 克
葱花…适量　虾皮粉…少许

营养物质摄入量 ▼

 做法

01
木耳放入沸水中焯约
5 分钟，捞出沥干，
切碎。

02
香菇放入沸水中焯约
1 分钟，捞出沥干，
然后切碎。

03
油菜放入沸水中焯约
30 秒，捞出沥干，然
后切碎。

04
南瓜去皮去瓤，切成
薄片。

05
胡萝卜去皮，切小丁。

06
葱花热油入锅爆香，
下南瓜、胡萝卜、香
菇和木耳，炒软后加
一碗水，大火煮沸。

07
转小火，约 15 分钟后
用铲子将南瓜捣碎。

绿叶菜一定要最后放。

08
所有食材都煮熟后，
倒入米饭，拌匀，收
干水分，撒少许虾皮
粉调味，最后下油菜
拌匀。

 Tips

1　米饭是提前焖好的，最后收汁这一步要把汤汁收得干一些，才会让米饭变成软米饭的口感，千万别
　　留下太多汤汁，否则就变成了汤泡饭，不好消化。

2　黑木耳含有丰富的胶质，除了有促进肠蠕动的作用外，还有很强的吸附能力，能把残留于消化道内
　　的有害物质集中吸附起来排出体外，还能减少油脂的吸收。

3　香菇是一种高蛋白、低脂肪、多糖类的菌菇，含有多种氨基酸和维生素，营养非常丰富，但是给宝
　　宝食用时一定要切得碎一些！

4　焯油菜这种茎叶类蔬菜时，我一般用筷子夹着，先焯茎，然后再全部放入热水中焯 30 秒左右。因
　　为茎比较硬，所以多焯一会儿。

111

三文鱼米饼

三文鱼、南瓜和奶酪是妈妈们在家中常备的辅食食材，加上米饭和一个鸡蛋，一转身的功夫，几个喷香的小米饼就出锅了。小米饼营养丰富又全面，可以补充维生素和矿物质，三文鱼可以给宝宝补充 DHA，DHA 可以促进宝宝的大脑发育，奶酪还可以补充钙质。

原料

三文鱼…35 克	米饭…20 克
南瓜…50 克	蛋液…25 克
奶酪…少许	柠檬片…1 片

营养物质摄入量 ▽

/ 20 克   / 50 克

/ 35 克   / 25 克

 做法

01
三文鱼上放 1 片柠檬片，腌 10 分钟，去腥。

02
三文鱼切小丁备用。

南瓜切成薄片，蒸的时候受热更均匀。

03
南瓜去瓤去皮，切薄片，放入蒸锅中。

南瓜用筷子可以轻松地捅过去就说明蒸好了。

04
南瓜片上铺一片奶酪，水开后蒸 15 分钟。

05
蒸好的南瓜奶酪用勺子压成泥，搅拌均匀。

06
南瓜、三文鱼和米饭放入大碗中，分次加入蛋液，每次都要搅拌均匀后再加下一次。

07
锅里刷一点点油，小火烧热。

小火加热。

08
用勺子将混合好的食材放入锅中，压成小饼，一面煎熟后翻面，将另一面也煎熟。

 Tips

① 将全部食材混合在一起之后，要注意干稀程度，太稀了的话小饼不易成形，这时，可以用米饭来调整。

② 煎小饼的时候一定要用小火哦，防止还没成形就煳了。小饼翻面的时候要小心，不要弄散了，可以先用小铲子轻轻推一推小饼，整个能移动了，就说明底面已经熟了，这时再翻面。

③ 有些宝宝对蛋白过敏，这时可以不加全蛋，只加蛋黄。

④ 第 5 步压好的南瓜奶酪泥中可能会有一些奶酪小块，没关系的，一会儿煎的时候它们就彻底融入其他食材中啦。

⑤ 做的过程中最难的步骤就是煎米饼，因为煎好的米饼容易散掉。加蛋液的时候要注意，先加入半个，如果觉得干再少量分次加。注意一定不要让混合物太稀了，否则做成的小饼不成形，如果太稀可以加入米饭调整一下。

⑥ 可以将菜心的梗切成薄片放在饼中间做装饰。

小米蔬菜脆饼

如果你只用小米熬粥就有点儿太单一了，你能猜到小思妈妈今天用小米做了什么美食吗？小米锅巴！嗯，这款锅巴可不是硬邦邦的那种，而是有一点儿脆脆的，我给这款小米锅巴起了一个好听的名字——小米蔬菜脆饼。妈妈们快给咀嚼能力强的宝贝试试吧。

原料

小米粥…25 克　面粉…10 克　西蓝花…4 克

无盐黄油…1 克　胡萝卜…4 克　核桃油…适量

蛋液…6 克

营养物质摄入量 ▼

/ 35 克　　/ 8 克

/ 6 克

做法

西蓝花尽量切得碎一些。

01

西蓝花洗净，放入沸水中焯 2 分钟左右，捞出切碎。

02

胡萝卜去皮擦丝，用刀剁碎。

要向同一个方向搅拌至上劲儿，这样小饼更易成形。

03

小米粥、面粉、西蓝花、胡萝卜、蛋液、黄油混合拌匀。

刷油可以防止小饼粘在烘焙垫上。

04

在烘焙垫上均匀地刷一层核桃油。

05

取适量小米蔬菜混合物，先团成小球再压成小圆饼，在表面刷一点儿油。

一定要注意时间和火候，千万不要烤糊了！

06

小饼放入预热好的烤箱，上下火 150℃，烤约 30 分钟，直到小饼表面变硬、颜色变金黄。

Tips

1　如果宝宝对蛋白过敏，也可以只用蛋黄。

2　小米粥要熬得干一些，稍微比米饭稀一点点就可以了，如果太稀的话，小饼不容易成形。

3　烤小饼的时候，一定要注意时间和火候，如果掌握不好的话，可以每隔 5 分钟观察一下，避免烤糊。如果没有烤箱的话，也可以将小饼放到不粘锅中煎熟，但是口感可能就不一样了。

4　小饼尽量摊得薄一些，这样烤完后会比较酥脆。如果太厚，烤之后还是软绵绵的，就没有脆脆的口感了。

5　小饼烤好后稍微放凉一下，口感会更加酥脆，若给小一点儿的宝宝吃，可以将小饼切成小块。

Chapter 4

快手配菜

莲藕肉饼

　　宝宝七八个月时，妈妈可以尝试添加肉类辅食，但很多妈妈都会遇到一个难题，就是宝宝不爱吃肉。为什么呢？因为嚼不动，即使是做成肉泥，因为料理机的搅打能力有限，入口后宝宝还是会觉得有很多粗纤维，有点儿难嚼难咽。而用莲藕搭配肉做馅时，擦成细丝状的莲藕会把肉的纤维打散，让宝宝完全感受不到肉的存在，宝宝更容易咀嚼，就会轻松吃下去了。

原料

莲藕…30 克　五花肉…60 克　淀粉…20 克
蛋白…10 克　盐…少许（可选）

营养物质摄入量 ▼

/ 60 克　　/ 30 克

 做法

01
猪肉剁成肉馅。

02
莲藕去皮擦丝。

加入少许蛋白，
会让藕饼的口感
和味道更好。

03
莲藕丝和肉馅混合，加入蛋
白和淀粉，拌匀。

如果肉馅粘手，
可以蘸一点儿水
再搓丸子。

04
取适量肉馅，搓成丸子。

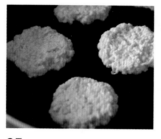

05
取平底锅，倒油，放入丸子，
用勺背压成小饼。

随时往锅里淋一
点点水，防止
糊锅。

06
小火煎至一面金黄后翻面，
再煎到另一面也呈金黄色。

 Tips

① 对于 9~18 个月的宝宝，可以用蒸的方法制成莲藕肉丸。对于周岁以上的宝宝，可以适当加少许盐
调味。

② 如果宝宝对蛋白过敏，可以不加蛋白。此时无须额外加水，因为莲藕擦成丝后会出很多水。

③ 淀粉可以让莲藕丝和肉馅更好地粘在一起。淀粉不能加太多，只要保证能搓成丸子的形状即可，加
得太多的话，吃的时候就会有一种吃面饼的感觉，口感不好。

④ 小饼下锅后，不要马上翻动，因为肉没熟很容易粘锅，时不时地用铲子铲一下试试，如果底面熟了，
小饼会很容易铲动。

补钙厚蛋烧

香芹是钙含量比较高的蔬菜，奶酪由奶经过特殊工艺制成，别看它体积小，钙含量可一点儿都不低。有些含钙量比较高的奶酪，10 克就含约 100 毫克钙质，差不多等于 100 毫升配方奶所含的钙质。对于不爱喝奶的宝贝，就适当通过辅食补充一些钙质吧！

原料

香芹…10 克　胡萝卜…10 克　鸡蛋…1 个
奶酪…25 克　盐…少许（可选）

营养物质摄入量 ▼

 / 20 克　　　 / 25 克

 / 1 个

做法

01

香芹洗净，去掉根部，茎和
叶都切碎。

02

胡萝卜擦成细丝，然后切成
碎末。

03

鸡蛋打散，放入胡萝卜和香
芹，搅匀，加少许盐调味。

04

平底锅刷油，油热后转小火，
倒入蛋糊，转动锅，让蛋糊
铺满锅底。

为了避免糊锅，
放奶酪的时候，
可以先把火关掉。

05

蛋糊凝固后，给蛋饼翻面，
放奶酪片后关火，待奶酪片
慢慢被烘化。

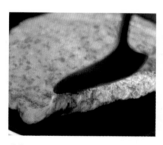

06

慢慢将蛋饼卷起，再切成段。

 Tips

① 如果怕胡萝卜煎不熟，提前将胡萝卜焯一下也可以。

② 盐不是必须要加的，如果不想给宝宝吃盐，可以不加，奶酪本身就有一点儿咸味。

③ 可以往锅中多倒一些蛋糊，蛋饼厚一些没关系，因为没加面粉，所以不用担心不好熟的问题。

④ 切蛋饼的时候，刀上蘸点儿晾凉的白开水，慢慢地来回切断。

娃娃菜虾丸

　　我一直在寻找让虾丸Q弹的配方，因为只用虾肉做出来的虾丸，口感发硬。想要做出如虾滑般细嫩的虾丸，非常重要的配角就是娃娃菜。娃娃菜含水量丰富，跟虾肉搅拌在一起的时候，会把虾肉的纤维搅散，这样搭配做出的虾丸又嫩又软、鲜美又好嚼。

原料

鲜虾…80 克　娃娃菜…30 克
蛋白…6 克　　面粉…15 克

营养物质摄入量 ▼

🌾 / 15 克　　🍗 / 30 克

🐟 / 80 克

 做法

01
鲜虾去头、去尾、去壳，去
除虾线，虾仁切段。

02
娃娃菜洗净沥干，把较硬的
帮去掉，再切成段。

03
虾肉和娃娃菜混合，放入料
理机，搅打成泥。

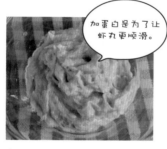

加蛋白是为了让
虾丸更顺滑。

04
虾泥中加入面粉和蛋白，搅
拌均匀。

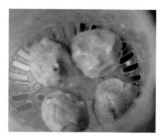

05
取适量虾泥，用手搓成丸子。

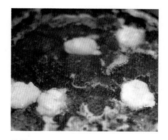

06
搓好的丸子放入水中煮熟。

 Tips

① 加蛋白是为了让虾丸更顺滑、更嫩、口感更好。对于对蛋白过敏的宝宝，可以不加。

② 如果买回来的活虾不好处理，可以放在冰箱中冷冻 30 分钟，略微冻硬之后取出来，就比较容易处
理啦。

③ 因为虾丸本身有咸味，所以不加盐也比较好吃，对于大一点儿的宝宝，可根据宝宝的口味加少量盐
调味。

糖醋排骨

　　我对糖醋排骨的做法做了很多改变，设计成了适合小宝宝们吃的糖醋排骨。它有很多优点：一，不用额外加油，健康得多；二，调料放得少；三，肉炖得烂，脱骨了，很好嚼。

原料

排骨…80克　白糖…少许　熟芝麻…适量
陈醋…少许　　葱…适量　　姜…适量
酱油（无添加）…少许

营养物质摄入量 ▼

🐟 / 80 克

 做法

01

排骨用流水冲洗几遍。

02

排骨冷水入锅，焯一下，去
血水。

03

待排骨变色后一个一个地捞
出来，放入高压锅。

04

加热水、葱和姜，炖30分钟
左右，至排骨软烂。

05

排骨连汤取出，倒入炒锅，
加入酱油、糖和陈醋，炖至
汤汁几乎收干。

06

汤汁快收干的时候，多翻炒
几下，让汤汁挂在排骨上，
最后撒上熟芝麻。

 Tips　做糖醋排骨调料的比例很简单，酱油、糖和醋按照2∶3∶4的比例加入就可以了，即2份酱油、3
份糖、4份醋。

肉馅香菇盏

随着宝宝慢慢长大，他们会开始偏爱一些造型可爱的辅食。这款肉馅香菇盏就是普通的家常菜——香菇炒肉换了个做法做成的菜，做得像饺子一样。宝宝吃起来，别提多带劲了。

原料

香菇…6个　猪肉…50克
鸡蛋…1个　葱花…少许
酱油（无添加）…1小勺

营养物质摄入量 ▽

/ 120 克　　/ 50 克

做法

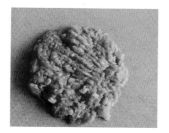

01
猪肉洗净，剁成肉泥。

预留的蛋白要倒入肉馅中，能让肉馅更鲜嫩。

02
鸡蛋打入碗中，倒出少许蛋白备用，剩余的蛋液打散。

03
肉泥中加入少许葱花和酱油调味。

04
倒入预留的蛋白，搅拌均匀，静置10分钟，让肉馅入味。

05
香菇洗净去蒂，并在香菇表面切十字。

焯水这步很重要，千万不要省略。

06
香菇放入沸水中焯5分钟，捞出入冷水，然后拿出挤干水分。

不要填得太多，否则不易煎熟。

07
将肉馅填入香菇中，并用小勺将肉馅抹平。

08
香菇盖放入蛋液中，让其裹上一层蛋液。

要经常翻面，防止煎糊。

09
香菇放入刷有油的煎锅中，小火慢煎，直至煎熟。

清蒸萝卜肉卷

白萝卜含芥子油、淀粉酶和粗纤维，具有促进消化、增强食欲、加快胃肠蠕动和止咳化痰的作用。但如果煮汤或者打成泥的话，味道会很冲，光是闻着，宝宝就皱起了小眉头。所以今天我给大家推荐一道清蒸萝卜肉卷，做好的肉卷造型好看又好吃，绝对受宝宝的欢迎。

原料（分量：8 个）

猪里脊…50 克　　白萝卜…40 克
胡萝卜…16 克　　水发木耳…8 克
淀粉…少许　　　酱油（无添加）…少许

营养物质摄入量 ▼

（每个肉卷的含量）

/ 6 克　　　　/ 8 克

 做法

01

木耳洗净后切碎。胡萝卜洗净去皮，切成碎末。

> 要先去除筋和膜，否则吃起来口感不佳。

02

猪里脊洗净切碎，用料理机打成泥，加少许酱油调味。

> 淀粉会让肉馅的口感更加嫩滑。

03

倒入胡萝卜、木耳和少许淀粉，顺时针搅匀，静置约10 分钟。

04

白萝卜洗净去皮，切薄片，入沸水焯 3 分钟，捞出晾凉。

05

萝卜片上放少许肉馅，将萝卜片卷起来。

> 记得要让萝卜卷的接口处朝下。

06

萝卜卷放入盘子，再放入蒸锅，冷水入锅蒸约 15 分钟。

 Tips

① 尽量将萝卜片切得薄一些，因为太厚会卷不起来，容易折断。如果家中的萝卜比较细的话，也可以横着切成长方形薄片。

② 肉馅不要放得太多，否则蒸的时候会散开，肉卷太厚的话也不方便宝宝咀嚼。

菠菜番茄煎蛋饼

番茄可以生吃，也可以熟吃，两种吃法所补充的营养素大不一样。熟吃可以促进番茄红素的吸收，起到抗氧化的作用；生吃，可以很好地保留维生素 C，有助于提高宝宝的免疫力。平时我们总是熟吃番茄，今天换一种新的吃法吧。先将蔬菜炒香，然后浇上蛋液，最后铺上番茄片，做好后我发现很好吃。番茄没有过度加热，基本保持了原来的模样，味道非常清新。

原料

菠菜…23 克　洋葱…10 克　鸡蛋…1 个
淀粉…5 克　　水…23 毫升　番茄…1/2 个

营养物质摄入量 ▽

/ 95 克　　　/ 1 个

 做法

01
菠菜提前用水浸泡，然后用流水洗净，切大段。

02
淀粉中加入 23 毫升水，搅匀后，打入鸡蛋搅拌均匀。

03
番茄去皮，切薄片。

04
洋葱切碎，下入刷有一层油的锅中，煎至半透明且有香味飘出。

一定要将洋葱和菠菜摊平，这样煎出的蛋卷薄厚才均匀。

05
下菠菜，炒软后将洋葱和菠菜摊平。

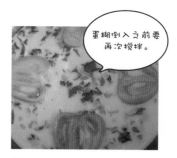

蛋糊倒入之前要再次搅拌。

06
蛋糊倒入锅中，迅速让蛋糊铺开，然后放上番茄，盖上盖子，小火焖约 8 分钟。

 Tips

① 注意不要等蛋糊凝固后再放入番茄，基本上浇完蛋糊，等蛋饼成形后，就放入番茄，否则番茄就不能粘在蛋饼上，一碰就会掉出来。

② 这种蛋饼煎的时候不翻面，上面的蛋糊基本是焖熟的，所以一定要用不粘锅来制作，并且随时观察有没有煳底，如果快要煳底了，上面的蛋糊还没有熟的话，及时加一点儿水。

自制儿童肠

　　6~12 个月是宝宝最容易出现缺铁性贫血的月龄，因为他们体内储存的铁质已经被慢慢地消耗完了。而这个时候让宝宝吃一些补铁的食物还有难度，含铁丰富的猪肝、猪血等，宝宝可能不爱吃；肉类，宝宝又嚼不动。所以，可以把肉做成香肠，每天切两三片加到辅食里，让宝宝每天都能补充铁质。对于周岁以上的宝宝，可以根据宝宝的口味少添加一点儿盐或无添加酱油调味。

原料（分量：8 根）

猪肉…120 克　　蛋白…30 克　　淀粉…40 克
水…20 毫升　　胡萝卜…30 克

营养物质摄入量 ▼
（每根肠的含量）

🐟 / 15 克　　　🍗 / 4 克

 做法

胡萝卜一定要切得碎一些，否则会影响肠的口感。

01
猪肉洗净沥去血水，切小块。

打好后，要仔细检查一下是否有不易咀嚼的筋膜。

02
胡萝卜去皮切碎，和猪肉一起放入料理机中，搅打后盛到碗中。

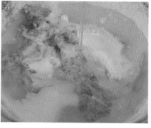

03
淀粉、蛋白和水放入肉馅中，顺时针搅匀。

裱花袋口的大小决定最后做成的猪肉肠的粗细。

04
搅好的肉馅放入裱花袋中，裱花袋前端剪一个口。

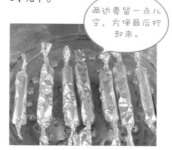

两边要留一点儿空，方便最后拧起来。

05
将肉馅挤到锡纸上，轻轻卷起来，并拧紧两边的开口。

06
猪肉肠入蒸锅蒸约 20 分钟，然后将锡纸剥去即可。

 Tips

1 在做猪肉肠的时候，最好不要用纯瘦肉，要稍微带一点儿肥肉，这样搅打好的肉馅中就会有一些油脂，口感就不会发柴了。

2 加入蛋白会让肉肠变得更加细腻嫩滑。如果宝宝对蛋白过敏的话，就不加蛋白，可以多加 20 毫升水，但是这样做出的肠口感没有加蛋白的好，而且蒸完后比较容易散。

3 做好的肠宝宝如果一次吃不了，可以放到冰箱冷冻起来，平时给宝宝煮面或者炒菜的时候都可以用。

虾仁夹心卷

　　鲜虾是一种怎么做宝宝都喜欢的食物。我将虾仁和牛油果做成夹心，然后用薄薄的黄瓜片将它们卷起来，这道夹心卷就像沙拉一样，一口咬下去，黄瓜的清新、虾仁的鲜香完全盖住了牛油果的味道，简直是完美的组合！宝宝还可以将夹心卷拿在手里吃。对于周岁以上的宝宝，可以根据宝宝的口味添加一点儿盐调味。

原料（分量：9个）

黄瓜…1根　鲜虾…4只　牛油果…45克

营养物质摄入量 ▼

（每个夹心卷的含量）

🐟 / 9 克　　🍗 / 18 克

🥗 / 5 克

 做法

牛油果捣成泥后最好尽快使用，否则很容易氧化变色。

01
用勺子将牛油果果肉挖出并捣成泥。

02
鲜虾去头去壳，剔除虾线，放入煎锅煎熟。

03
虾仁盛出，虾尾切下备用，其余部分切碎。

黄瓜条很容易失水软化，所以一定要做现吃。

04
黄瓜洗净，用刮刀刮几条薄薄的黄瓜片，涂上牛油果泥。

05
再撒一些虾仁碎。

尽量卷得实一些。

06
用手从一端将黄瓜片卷起，虾尾插入黄瓜卷中心即可。

 Tips

① 牛油果的营养价值比较高，含有多种不饱和脂肪酸、多种维生素、蛋白质和丰富的钠、钾、镁、钙等元素，营养价值可与奶油媲美，甚至有"森林奶油"的美称。牛油果可以促进宝宝脑细胞的生长，并且有助于提高记忆力。

② 这道虾仁夹心卷一定要现做现吃，牛油果和黄瓜片放的时间长了，很容易氧化和失水，口感会变差。

③ 最后卷的时候要稍微用些力，尽量卷得实一些，否则黄瓜卷卷起后会非常松散，宝宝吃的时候也很容易散开。

虾肉鸡蛋杯

小思妈妈的这道菜是根据传统的饺子改造而来的，因为嫌和面擀皮太麻烦，所以我把面皮换成了蛋白。用蛋白托起的小肉丸，造型新奇可爱，好看又好吃！

原料（分量：8个）

虾肉…20 克　　猪肉…40 克　　蛋白…10 克
胡萝卜…16 克　熟鸡蛋…4 个　亚麻籽油…少许
酱油（无添加）…少许

营养物质摄入量 ▼
（每个鸡蛋杯的含量）

🐟 / 7.5 克　　🍗 / 2 克

🥚 / 1/2 个

 做法

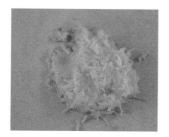

01
胡萝卜擦细丝。

02
猪肉切小块。

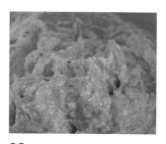

03
虾肉切小块，放入料理机中，加入猪肉和胡萝卜，打成肉馅。

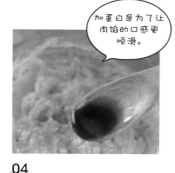

加蛋白是为了让肉馅的口感更顺滑。

04
加入蛋白，抓匀后加入少许亚麻籽油和无添加酱油，用筷子搅匀。

05
鸡蛋切两半，用小勺把蛋黄挖出。

06
再用肉馅填满每个蛋白，入蒸锅蒸约 30 分钟，待肉馅蒸熟后取出。

 Tips

① 在做肉馅类食物的时候，为了让肉馅顺滑，最好加一点儿蛋白和亚麻籽油。亚麻籽油可以在人体内转化为 DHA，但不适合高温加热，所以做馅的时候加一点儿进去最合适，不仅可以补充营养，还能让口感更鲜嫩。

② 如果选用纯瘦肉，肉馅的口感会太硬，还会有些发柴。所以，最好选用稍微带一点儿肥肉的肉。

③ 熟鸡蛋在切的过程中可能会烂，可以多准备一些。

④ 最后浇在上面的橘色的东西是将胡萝卜切碎后，混合水淀粉制成的酱汁。它可以把虾肉鸡蛋杯装扮得更加美丽。如果你想让虾肉鸡蛋杯更好看一些，可以在一开始留一些胡萝卜碎备用。

补锌厚蛋烧

无论宝宝是否缺锌，这道补锌厚蛋烧都是一道营养非常丰富的辅食。多给宝宝吃一些贝类海产品，有利于补锌，还能促进宝宝的生长发育。但文蛤易致敏，对于初次接触它的宝宝，一定要少量添加，并及时观察宝宝是否有过敏反应。

原料

文蛤…2 只　卷心菜…7 克　胡萝卜…5 克
鸡蛋…1 个　面粉…13 克　水…20 毫升

营养物质摄入量 ▼

🌾 / 13 克　　　🍗 / 12 克

🐟 / 33 克　　　🥚 / 1 个

 做法

浸泡文蛤的时候，可以滴两滴白醋或柠檬汁去腥。

01
文蛤浸泡约 15 分钟，洗净，去除内脏和较硬的部分。

02
留下肉质较软的部分，切碎。

如果宝宝咀嚼能力不好，可以切成碎末。

03
卷心菜放入沸水中焯 1 分钟，切细丝。

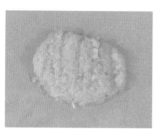

04
胡萝卜去皮后，擦丝切碎。

如果宝宝对蛋白过敏，可以不加。

05
鸡蛋打散备用。

如果搅拌后还是有面疙瘩，可以用滤网过滤。

06
蛋黄中加入面粉和 20 毫升水，搅拌至无颗粒。

07
文蛤、卷心菜和胡萝卜倒入蛋糊中，搅拌均匀。

一定要迅速摊平，时间长了就容易定形。

08
锅热后，用刷子在锅中刷一层油，倒入蛋糊，迅速用铲子摊开。

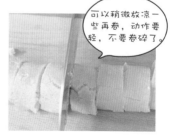

可以稍微放凉一些再卷，动作要轻，不要卷碎了。

09
蛋饼表面凝固后，把蛋饼卷起，用刀切成小块。

鲜虾豆腐饼

这款豆腐饼可以说是我的撒手锏，每次做，宝宝都很给面子。宝宝1岁左右的时候，就特别喜欢自己用手抓着吃。就是这些小饼让宝宝慢慢有了自主进食的意识。

原料

豆腐…20克　鲜虾…50克
蛋液…10克　胡萝卜…5克
淀粉…适量　盐…少许（可选）

营养物质摄入量 ▽

 / 50克　　　　/ 5克

/ 10克

* 另含有豆制品。

 做法

根据宝宝月龄决定块的大小。

01

虾去壳、去头、去虾线，切成碎块。

02

胡萝卜擦丝后切碎。

03

豆腐压成泥，加入胡萝卜、虾肉和蛋液，搅拌均匀后加少许盐调味。

分多次，一点儿一点儿地加入淀粉。

04

加淀粉，搅拌均匀。取适量面团，用手团成小丸子。

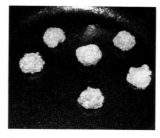

05

锅中刷一层油，放入丸子，小火煎。

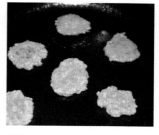

06

待底部熟时翻面，用铲子压成小饼，继续小火煎熟即可。

 Tips

① 淀粉加得少，丸子容易塌；淀粉太多，不易成团。

② 胡萝卜一定要擦丝，因为胡萝卜不容易熟，擦丝再切碎熟得快些。

蔬菜扇贝丸

　　说起补锌，大家肯定会想到贝类食物，因为这类食物（特别是牡蛎、扇贝等）含锌量高。可问题的关键在于，如果直接把扇贝肉给宝宝吃，扇贝肉不好嚼。但如果把它和蔬菜混合做成丸子，结果就不同啦。蔬菜会把切碎的扇贝肉分开，宝宝很轻松就能嚼动。

原料

扇贝…50 克　卷心菜…20 克
蛋液…15 克　胡萝卜…15 克
面粉…15 克

营养物质摄入量 ▼

🌾 / 15 克　　🐟 / 50 克

🥦 / 35 克　　◎ / 15 克

 做法

要煮 5~8 分钟，当扇贝的口都张开了，就说明熟了。

01
扇贝冷水下锅，水开后煮熟。

02
卷心菜和胡萝卜切碎。

03
煮好的扇贝取出扇贝肉，然后切碎。

04
胡萝卜、卷心菜、扇贝和少许面粉混合后，加入打散的蛋液。

05
搅拌均匀。

蒸约 10 分钟。

06
手上蘸水，用双手团制丸子，入蒸锅蒸熟即可。

 Tips

① 如果宝宝对蛋白过敏，请选用蛋黄，不要用全蛋。

② 蛋液和面粉要一点儿一点儿地加，这样方便随时调节。可以将面糊搅拌得稠一点儿，这样容易团成团。

青菜虾仁鸡蛋羹

这款鸡蛋羹中加了虾仁和小油菜，味道非常鲜美。宝宝很喜欢用鸡蛋羹拌着饭一起吃。

原料

鸡蛋…1个　虾仁…4只　小油菜…12克

营养物质摄入量 ▼

🐟 / 40克　　🍗 / 12克

🥬 / 1个

 做法

鸡蛋与水的比例在 1：1~1：2 之间为宜，我用的比例是 1：1.8。

01
鸡蛋打散。

02
蛋液中加适量温水，拌匀。

03
为了让蛋液更细腻，将蛋液用滤网过滤一下。

根据宝宝的咀嚼能力，切成适合宝宝咀嚼的大小。

04
虾仁切碎，油菜焯过后切碎。

05
虾仁和油菜放入蛋液中，搅拌均匀。

一定要小火蒸，需 8~12 分钟。

06
蒸锅加水，水开后，把碗放到蒸屉上，小火蒸熟。

 Tips

1　一定要加温水，加冷水的话，蛋在蒸的过程中会沉淀，加开水会影响水和蛋液的融合。

2　鸡蛋和水的比例很关键，水太多，鸡蛋羹凝固的效果就不好；水太少，鸡蛋羹就会太稠，鸡蛋羹滑滑的口感就没有了。亲身实践证明，蛋和水的比例最多不要超过 1：2，最少不要少于 1：1。

3　当蛋液加水搅拌均匀后，蛋液表面会有很多气泡，所以需要用滤网过滤一下，如果不过滤，蒸出的鸡蛋羹表面就会有气泡。

4　水滴到蛋液上不仅会让鸡蛋羹表面变得不平滑，还会无形中增加水的比例。所以，蒸鸡蛋羹时，可以在碗上盖上保鲜膜，并用牙签扎个小洞，这可以避免水蒸气滴落到蛋液上。

5　把蒸熟的鸡蛋羹晾凉后就可以给宝宝吃啦。

6　如果想要让造型更好看，可以留一只完整的虾仁，放到碗中央。

豆腐肉丸

加了豆腐的肉丸柔软好嚼。8~10 个月是让宝宝开始接触小颗粒辅食的最佳时机，这个时候要循序渐进地为宝宝制作一些柔软的颗粒状辅食，让宝宝开始慢慢适应。

原料

猪里脊…30 克 豆腐…20 克
面粉…20 克 鸡蛋…1 个
葱花…适量 盐…少许（可选）

营养物质摄入量 ▼

🌾 / 20 克   🐟 / 30 克

🥚 / 1 个

* 另含有豆制品。

 做法

01
用擀面杖把豆腐捣碎。

02
猪肉绞成肉馅，加入已经捣碎的豆腐。

03
打入鸡蛋，加入切好的葱花。

04
拌匀后加面粉。

05
再次拌匀，加少许盐调味。

蒸 10~15 分钟。

06
取适量肉馅，用手搓成丸子，入蒸屉蒸熟。

红烧鸡翅

我介绍的这款红烧鸡翅，不仅做法简单，还好吃，而且相对来说更适合小孩子吃。

原料

鸡翅中…9 个　生抽…适量　冰糖…2 小勺
姜…适量　　酱油（无添加）…3 小勺

营养物质摄入量 ▼
（每个鸡翅的含量）
／ 26 克

 做法

要用手给鸡翅
"按摩"一会儿，
帮助入味。

01
鸡翅洗净后，用刀在鸡翅表面划两道，姜切丝。

02
生抽中加少许水，放入一半姜丝，拌匀。

03
生抽姜丝水倒入鸡翅中，拌匀，腌20分钟后捞出，沥干水分。

水没过鸡翅即可。

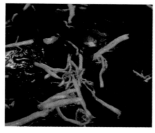

04
锅中倒油，烧热后下另一半姜丝，爆香。

05
待姜片炒得有些焦时取出，下鸡翅，待一面煎熟，翻面。

06
两面都变成金黄色后，加水、酱油和冰糖，炖到汤汁收干即可。

 Tips

1 如果觉得煎鸡翅有些难度，可以直接炒一炒就加水。
2 煎鸡翅之前最好把水分沥干或者用厨房纸巾擦干，这样煎的时候不容易溅油。
3 鸡翅入锅之后，不要急着翻面，刚入锅时，鸡翅会粘到锅上，等底面煎熟，就容易铲动了。不过，要注意别煎煳了哦。
4 如果不喜欢太甜的口味，可以适当减少糖的用量。

糯米蒸肉丸

要说最健康的烹调方式，莫过于蒸和煮啦。例如，下面这款糯米蒸肉丸，不煎不炒，吃了不易上火，还有肉有米，有可爱的造型，最适合宝宝用小手抓着吃了。

原料（分量：10 个）

猪肉⋯120 克　糯米⋯30 克　面粉⋯15 克
酱油⋯1 小勺　姜末⋯少许　葱花⋯少许
亚麻籽油⋯1 大勺

营养物质摄入量 ▼
（每个肉丸的含量）

🌾 / 4.5 克　　🐟 / 12 克

 做法

01
糯米提前浸泡一晚，沥干。

02
猪肉用刀剁碎，加入少许葱花和姜末。

03
加入酱油、亚麻籽油和少许面粉，用筷子顺着一个方向搅至上劲儿。

04
取适量肉馅，搓成丸子，放入糯米中滚一圈，粘上糯米。

05
蒸锅里加水，再把装有丸子的盘子放到蒸锅中。

06
待水烧开后开始计时，蒸约10 分钟即可。

 Tips

① 糯米可以替换成大米或者小米。糯米最好提前浸泡一晚，如果时间来不及，泡 2 个小时也可以。大米、小米也是如此。

② 选择猪肉时，最好要三分肥七分瘦的，这样口感会更好。猪肉馅还可以替换成鸡肉馅。

③ 剁的肉馅比铰的肉馅更好吃，因为剁肉馅只是切断肌纤维，而铰肉馅会破坏肌纤维细胞，从而破坏肉馅的营养，铰的肉馅口感也较差。剁肉馅的时候，要多剁一会儿，肉馅有了黏性，自然就容易成团了。

④ 肉馅中加的油要选择适合低温烹调的油，如果家中没有亚麻籽油，可以用橄榄油代替。

奶酪虾丸

这是我要强烈推荐的一道辅食，因为它真的太好吃了，满满的全是虾肉。我还特地加了奶酪，整道菜既有虾肉的咸鲜，又有奶酪的香浓。

原料

虾仁…60 克　淀粉…15 克　奶酪…15 克

营养物质摄入量 ▼

 / 15 克　　/ 60 克

做法

01
虾仁先切小块。

> 虾肉要多剁一会儿，才会更有黏性。

02
再剁碎一些，剁成虾泥。

03
虾泥中加淀粉和水，搅拌至黏稠。

04
取适量虾泥，搓成球形，再压成圆饼，放上撕碎的奶酪。

05
把奶酪包起来，封口，再搓圆，放入盘中。

06
水烧开后，入锅蒸 10 分钟即可。

Tips

1　搓丸子的时候容易粘手，不过只要蘸一点儿水，让双手一直湿湿的，就不会粘手啦。

2　虾肉要多剁一会儿，才会更有黏性，这样做丸子的时候，虾肉就更容易粘在一起了。

3　如果不加水，淀粉和虾肉很难融合到一块儿。

鲜虾菌菇饼

食物中所含的多糖类物质可显著提高宝宝的免疫力，但并不是所有食物中都含多糖类物质，这种物质在菌菇类食物中比较常见。所以，常给宝宝吃一些菌菇类食物，可以提高宝宝的免疫力哟！

原料

鲜虾…2 只　　鸡蛋…1 个　　水…23 毫升
淀粉…5 克　　白玉菇…7 克　水发木耳…15 克
蟹味菇…7 克　番茄酱…少许　胡萝卜…6 克

营养物质摄入量 ▼

/ 20 克　　/ 35 克

/ 1 个

 做法

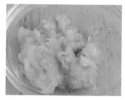

01
鲜虾洗净，去头、去尾、去壳，挑去虾线，放入料理机打成泥。

02
胡萝卜擦丝后，焯一下水，再切成碎末。

03
木耳放入沸水中焯约3分钟，捞出沥干，切成碎末。

04
另起一锅，加水烧开，放入白玉菇和蟹味菇焯3分钟，捞出切碎。

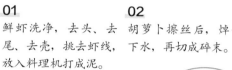

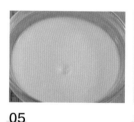

05
淀粉和23毫升水搅拌均匀，混合成水淀粉。

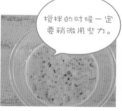

搅拌的时候一定要稍微用点力。

06
鸡蛋打散，倒入水淀粉，搅匀，再将虾泥、胡萝卜、木耳、白玉菇和蟹味菇依次倒进去，搅拌均匀。

如果怕蛋饼煎煳，可以加一点儿水。

07
锅中刷一层油，油热后将蛋糊倒入锅中，迅速晃动锅身，让蛋糊铺满锅底，煎至表面的蛋糊凝固。

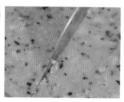

08
煎好的饼取出放到砧板上，用刀切成适合宝宝咀嚼的小块，再在每一块上挤少许番茄酱即可。

 Tips

1　木耳水分含量非常低，吸水的速度比较缓慢。用热水泡发虽然可以缩短泡发时间，但是会使木耳中的部分多糖类物质溶解，导致口感黏糯，还会影响泡发效果。所以泡发木耳最好用冷水，冬季的话可以用温水泡发。
2　倒入水淀粉之前，一定要再次搅拌一下，否则淀粉很容易沉底。
3　虾泥不易搅散，所以搅拌的时候一定要稍微用点儿力，将粘连的虾泥搅散。
4　因为蛋糊中食材比较多，所以不容易均匀地铺开，这时也可以用小勺帮助摊开。
5　如果怕饼煎煳，可以用筷子挑起一边，少倒一点儿水，这样可以迅速降低锅中的温度，避免因煎得太久而煳锅。

155

胡萝卜虾皮饼

虾皮素有"天然钙库"之称，是宝宝补钙的佳品，不仅富含钙，蛋白质的含量也很高，是很多营养学家推荐的食材。下面我做的这款胡萝卜虾皮饼，颜色金黄，吃起来又软又嫩，鲜香无比，非常受宝宝们的欢迎哦。

原料

虾皮…3 克　胡萝卜…12 克　鸡蛋…1 个
淀粉…5 克　水…23 毫升

营养物质摄入量 ▼

🥕 / 12 克　　🍳 / 1 个

 做法

01

胡萝卜去皮，擦成细丝，然后切碎。

中途一定要换水，因为虾皮含盐量很高。

02

虾皮用温水浸泡，中途换 2~3 次水，泡好后切碎。

03

淀粉和水混合，搅拌均匀，制成水淀粉。

04

鸡蛋打散，加入水淀粉，搅匀，加胡萝卜，搅匀，制成蛋糊。

入锅前，一定要再次将蛋糊搅匀，避免胡萝卜全部沉底。

05

锅底刷一层油，再次将蛋糊搅匀，倒入锅中，迅速晃动锅身，让蛋糊在锅中铺开，制成蛋饼。

撒虾皮要迅速，蛋饼一旦凝固，虾皮就没法粘在饼上了。

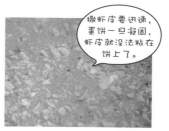

06

迅速将切碎的虾皮撒到蛋饼上，小火将虾皮饼煎熟。

 Tips

1　1 个鸡蛋 +5 克淀粉 +23 毫升水，这个煎蛋饼的黄金比例千万不要忘了哟。用这个比例煎的蛋饼绝对好吃，也不容易破！

2　虾皮不要混合在蛋液中煎，最后撒在蛋饼上即可，这样不仅好看，口感也更好。

3　煎蛋饼看起来很简单，但很多妈妈说容易粘成一团，我的秘诀就是蛋糊一定要稀，蛋糊稠的话，煎出的蛋饼就会又硬又厚。

4　如果将淀粉和水直接倒入蛋液中，可能会出现小疙瘩，我习惯先将淀粉和水混合均匀后，再倒入蛋液中。

5　蛋糊倒入锅中后，分布可能不均匀，要想做成大一点儿的饼，一定要迅速将蛋糊铺开，如果动作慢了，就不好铺开了。

Chapter 5
诱人零食

旺仔小馒头

吃货妈妈带吃货宝宝，爱吃零食管不住嘴怎么办？那就自己动手做零食吧，自制零食没有添加剂，我们至少能吃得放心些。

原料（分量：110 个）

低筋面粉…20 克　　玉米淀粉…140 克　　奶粉…25 克
植物油…18 克　　　白糖…40 克　　　　鸡蛋…1 个
小苏打…少许

营养物质摄入量 ▼

（每个小馒头的含量）

🌾 / 1.5 克

 做法

01
鸡蛋、白糖和油放入大碗中，
搅拌均匀。

02
玉米淀粉、低筋面粉、奶粉
和小苏打放入另一个容器
中，拌匀。

03
将粉类混合物筛入步骤 1 的
大碗中，搅拌成絮状。

揉的时间不要太
长，否则小馒头
就不酥脆了。

04
用手揉面，将面絮揉到一起，
取一块面团搓成长条。

05
用刮板切成小块。

一定要留空隙，
烤的过程中小馒
头的体积会变大。

06
用手整成小馒头，摆到铺有
烘焙纸的烤盘中，放入烤箱，
上 火 150℃， 下 火 170℃，
烤 13 分钟。

 Tips

① 不用小苏打做出来的小馒头，里面没有空气，吃起来不够蓬松、酥脆。小苏打的用量不好具体称量，
大概就是用大拇指和食指捏一小撮，或从袋子里轻轻抖落 5 下。

② 要先将所有粉类原料拌匀。小苏打的作用是让做好的面团更加蓬松、酥脆，所以要让它均匀地混合
到面粉里。

③ 不同牌子的烤箱火候不同，要随时观察，别烤烟了。如果是做给大人吃，可以多加 10 克白糖。

猪肉脯

想吃零食，何必出去买？在家里就能做啊。你看，连猪肉脯都能自制，而且味道一点儿都不比买的逊色呢。

原料

猪肉馅···200 克　　蜂蜜···少许
熟芝麻···适量（可选）　酱油（无添加）···少许

营养物质摄入量 ▼

/ 200 克

 做法

01
肉馅放入容器中，加入 3 滴酱油，搅拌均匀，再用手把肉馅捏在一起。

02
锡纸上刷薄薄一层油，取一大团肉馅，放到烘焙纸上，用手把肉馅铺平。

一定要擀得薄厚均匀。

03
肉馅上盖一层保鲜膜，再用擀面杖擀薄，擀好后拿掉上面的保鲜膜。

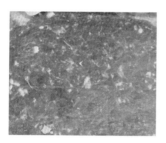

04
放入烤盘，然后放到预热至 180℃ 的烤箱，烤 15 分钟后取出。

05
倒掉烤盘中的水，再在肉馅上涂一层蜂蜜，撒上芝麻，把烤盘放回烤箱，烤 10 分钟后，翻面涂蜂蜜、撒芝麻。

最后阶段要随时观察。

06
再烤 10~15 分钟，待两面变成暗红色，即可切片食用。

 Tips

1　如果做给宝宝吃，放酱油调味就足够了；大人吃的话，可以加入料酒、黑胡椒、白糖来调味。

2　第 3 步，肉馅一定要擀得薄厚均匀。

3　最后烤的过程中，要随时观察，以免烤煳。

椰蓉鲜奶冻

想给宝宝补钙，除了尝试酸奶、奶酪这些钙含量较高的奶制品，还可以试试这款用鲜奶做的小甜品——椰蓉鲜奶冻。

原料

鲜奶…50 毫升　淀粉…6 克　白糖…3 克
椰蓉…适量　　熟芝麻…少许

营养物质摄入量 ▼

/ 50 克

做法

01 白糖和淀粉混合均匀，再加入鲜奶，用筷子搅匀。

02 鲜奶混合物倒入不粘锅，小火翻炒，并不停搅动，让其变黏稠。

03 变黏稠的鲜奶混合物倒入模具，放入冰箱冷藏 2 小时，取出。

04 切成小方块，粘上一层椰蓉再撒上少许炒熟的黑芝麻即可。

板栗椰蓉球

板栗椰蓉球外表讨喜，造型可爱，宝宝很喜欢抓来当零食吃。

 原料

板栗…适量　椰蓉…适量

 做法

01 板栗冷水入锅，煮约25分钟。

02 板栗切开，挖出板栗肉，放入料理机，加适量温水，搅打成板栗泥。

03 板栗泥放入不粘锅中，小火烘炒，让水分收干，炒至板栗泥变得有些硬，且容易成形。

04 用手取适量板栗泥，搓成丸子。

05 放入椰蓉中，滚一圈，沾满椰蓉即可。

黄金红薯条

小时候，我特别喜欢妈妈做的这款小零食，每次都是端着盘子在一旁眼巴巴地等着吃新鲜出炉的红薯条。

原料

红薯…175 克　水…50 毫升
面粉…70 克　白糖…适量

营养物质摄入量 ▽

 / 70 克　　 / 175 克

 做法

01

红薯去皮后切成粗细均匀的长条。

02

面粉和水混合，加入适量白糖，搅拌成糊状。

03

红薯条放入面粉糊中搅拌。

04

将 4~5 根红薯条粘成一组。

05

锅中油烧热后放入红薯条。

06

小火炸至红薯条变成金黄色，捞出放到吸油纸上，趁热食用。

 Tips

1　175 克红薯配 50 毫升水、70 克面粉，面粉和水的用量可以根据红薯条的量来调整。

2　如果油没有烧热就入锅炸，做出来的红薯条会很软。红薯条下锅后，如果锅中迅速出现很多小油花，并伴有嗞嗞的声音，就说明油温正好。

3　一次不要炸太多，否则油温会迅速下降，红薯条不容易熟。

无油蛋香小饼干

即便是自家烘焙的零食，也并不都适合小宝宝。比如说，很多口感酥脆的饼干，因为加了特别多黄油或者植物油，并不适合给宝宝吃。这款无油小饼干，口感虽然没那么酥脆，但却健康得多。

原料

低筋面粉…30 克　鸡蛋…1 个　白砂糖…10 克

营养物质摄入量 ▽

 做法

01
鸡蛋洗净后擦干,蛋黄和蛋白分离。

打好后,提起打蛋器,蛋白霜呈小三角形,而且一动不动。

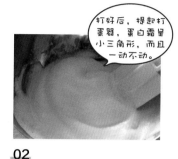

02
蛋白中加 5 克白砂糖,用电动打蛋器搅打至干性发泡。

03
蛋黄中加 5 克白砂糖,搅匀,倒入打发好的蛋白,用刮刀上下切拌。

04
筛入面粉,继续切拌,让面粉和蛋糊混合均匀,要拌至没有面疙瘩。

不能剪得太大,否则挤出的面糊就不成形了。

05
面糊倒入裱花袋中,用剪刀在裱花袋前端剪一个小口,在铺有锡纸的烤盘中挤出饼干坯。

06
烤盘放入预热好的烤箱中,上下火 180 ℃,烤约 8 分钟。

 Tips

① 如果宝宝对蛋白过敏,暂时还不能吃这种饼干哟。

② 我们平时洗完鸡蛋后就直接打到碗中了,但是做小饼干的时候一定要擦干蛋壳上的水,以免水连同蛋液一起进入碗中,导致蛋液不容易打发。

③ 在打发蛋白之前,最好用厨房纸巾把打蛋盆擦拭一遍,保证它无水无油。打发蛋白的时候,如果不小心混入油或者水,蛋白就很难打发了。

④ 挤蛋糊非常简单,只要稍稍用力挤压就可以了,挤的时候手尽量不要晃,稳稳地停在那里,流动的蛋糊会自动形成半球形。烤小饼干的时间非常重要,时间短了烤不脆(里面可能还是黏黏的),时间长了又容易烤煳。因为不同牌子的烤箱火候不同,所以我无法注明具体的烘烤时间。我家的烤箱烤了 8 分钟刚刚好,建议宝妈在 7 分钟的时候就要随时观察小饼干,避免烤煳噢!

劲爆鸡米花

如果你的孩子喜欢吃外面买来的鸡米花，那么我推荐这个自制版给你。它的做法非常简单，而且绝对比外面卖的要干净、好吃。如果没有面包糠或者想吃得健康点儿，可以用燕麦片来代替面包糠。

原料

> 鸡腿…1个　鸡蛋…1个
> 盐…少许　　面包糠…适量

营养物质摄入量 ▼

🐟 / 80 克

做法

> 要剁得小一点儿，这样比较容易入味。

01

鸡腿洗净，去皮去骨，剁成小块。

02

鸡肉中拌入少许盐调味，腌制约 30 分钟。

03

鸡蛋打散，在腌好的鸡块上裹一层蛋液。

04

放入面包糠中滚一圈，让鸡块沾上面包糠。

05

沾了面包糠的鸡块放入烤盘，表面刷一层植物油。

> 具体时间根据鸡块的大小来调整。

06

鸡块放入预热好的烤箱，上下火 180℃ 烤 10~15 分钟，直至烤熟。

香蕉磨牙棒

这款香蕉磨牙棒，无油无糖，是一种健康的宝宝零食。它最主要的作用是让宝宝磨牙，锻炼咀嚼能力。如果想要口感脆一点儿，就不要做得太粗。

原料（分量：16 根）

香蕉…1 根　蛋黄…1 个　低筋面粉…200 克

营养物质摄入量 ▼

（每根磨牙棒的含量）

/ 12.5 克

 ## 做法

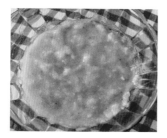

01

香蕉压成泥。

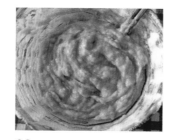

02

放入蛋黄，搅拌均匀。

03

筛入面粉，先拌匀，再用手揉成面团。

04

用擀面杖将其擀成约 4 毫米厚的长方形面饼。

05

用刮板切成条，用手捏着两端，拧一拧，放入铺有锡纸的烤盘。

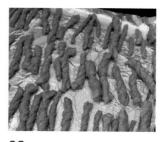

06

烤盘放入烤箱，上下火 180℃，烤约 20 分钟，至微微上色即可。

 Tips

① 香蕉面团会有些粘手，可以戴上透明手套。

② 条最好切短一点儿，否则容易断。

③ 宝宝在吃磨牙棒的时候，大人一定要在旁边看着，避免宝宝因啃下一大块磨牙棒而噎到。

蒸蛋糕

这款蒸蛋糕，好吃健康还不容易上火，爱吃蛋糕的宝宝们不要错过哦。特别要注意的是，这款蒸蛋糕制作时要将整个鸡蛋一起打发，而且要打发到位。

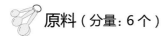 原料（分量：6 个）

低筋面粉…100 克　鸡蛋…3 个
白砂糖…40 克　　植物油…15 克

营养物质摄入量 ▽
（每个蛋糕的含量）

🌾 / 17 克　　◎ / 1/2 个

 做法

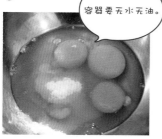

容器要无水无油。

01
鸡蛋和糖放入同一个容器。

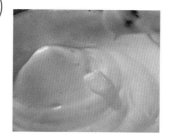

02
用电动打蛋器搅打至提起打蛋器，蛋液不会很快滴落，并且蛋液滴落后，痕迹不会马上消失。

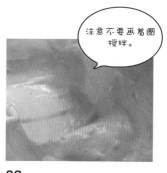

注意不要画着圈搅拌。

03
面粉筛入打发好的蛋液中，用橡胶刮刀上下切拌。

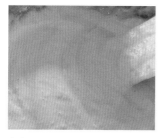

04
加入植物油，再次翻拌均匀，把面糊倒入模具中，8 分满即可。

05
蒸锅里的水烧开后，把蒸屉连同模具一起放入蒸锅，大火蒸 10 分钟，关火后焖约 3 分钟。

 Tips

1　打发鸡蛋所用的碗一定要无水无油，否则鸡蛋很难打发成功。

2　鸡蛋打发到位很重要，是决定成败的关键步骤。

3　打蛋器提起后，蛋液不会立刻滴落，滴落后痕迹不会马上消失就代表打发到位了。

4　打发鸡蛋的时候可以滴两滴白醋或者柠檬汁去腥。

5　蒸蛋糕的时间为 10 分钟，不要超时，否则蒸好的蛋糕容易回缩塌陷。

南瓜布丁

南瓜布丁因味道香甜、口感细腻而成为一道特别受欢迎的宝宝辅食。网上的很多配方都让添加淡奶油，但淡奶油不太适合给宝宝吃，所以这里只用了鸡蛋、奶和南瓜。如果宝宝对蛋白过敏，可以只用蛋黄来制作，效果是一样的。

原料

小南瓜…100 克　鸡蛋…1 个
冲调好的配方奶…40 毫升

营养物质摄入量 ▽

/ 100 克　　/ 40 毫升

/ 1 个

做法

01
鸡蛋打散备用。

如果南瓜用筷子
一戳就透，就说
明蒸熟了。

02
南瓜切块，入蒸锅蒸熟。

03
蒸好的南瓜取出，去瓤，取
出南瓜肉。

为了更细腻，可
以用滤网过滤。

04
用勺子把南瓜压成泥。

05
南瓜泥和蛋液混合，加入冲
调好的配方奶，搅匀，倒入
耐高温容器。

蛋液凝固就说明
蒸熟了。

06
蒸锅中的水烧开后，把耐高
温容器放到蒸屉上，盖上盖
子，中火蒸 8~12 分钟。

 Tips

1 如果用料理棒或者料理机做南瓜泥，最好不要加水。

2 我用的小南瓜水分非常少，所以南瓜泥很干，得用滤网过滤一遍。

鸡蛋布丁

　　口感滑嫩的布丁，一口咬下去，甜蜜蜜的，感觉心都被融化了。我以为要做出这样的布丁会很难，谁知第一次做就成功了，它的做法其实超级简单！

原料

鸡蛋…1 个　白糖…10 克（可选）
冲调好的配方奶…75 毫升

营养物质摄入量 ▼

/ 75 毫升　　/ 1 个

 做法

01
冲调好的配方奶中加糖，搅拌至糖完全溶解。

02
用筷子将鸡蛋打散，搅打至出现一些气泡。

03
配方奶和蛋液混合，过滤 5 遍左右。

04
滤出的鸡蛋配方奶混合物倒入耐高温容器。

05
容器放入烤盘，烤盘中加一些水，水要没过容器底部。

06
烤盘放入预热好的烤箱中，165℃烤 30 分钟。

Tips

① 如果没有烤箱，就用蒸锅蒸，水烧开后，可以把混合物装到普通碗中，然后放到蒸锅里蒸 15 分钟。蒸的布丁口感可能没有烤的细腻，有点儿像鸡蛋羹。

② 过滤的环节会把没有融合的鸡蛋或者奶粉滤出来，可以让烤出来的布丁更平滑。

③ 如果是用烤箱烤的话，一定要用能耐高温的烘焙专用碗，可以用舒芙蕾杯，尽量不要用布丁瓶，因为它比较高，不容易熟。

苹果脆片

　　烤会使苹果片中的一部分维生素 C 流失，但水果中的矿物质如钾、镁等不会流失。

 原料

苹果…2 个

营养物质摄入量 ▼

 做法

01　苹果清洗干净，去皮切片，要尽量切得薄一些。
02　苹果片放在烤网上，放到烤箱中层，100℃烤 2 小时。中途用筷子翻一次面。
03　烤好之后，及时将苹果片取出，否则苹果片容易粘到烤网上。

胡萝卜干

这种小零食的口感跟果脯一样，但是却健康得多。胡萝卜富含维生素 A，能增强宝宝的免疫力，还能益肝明目、预防便秘。

 原料

胡萝卜…220 克　冰糖…5 克　水…100 毫升

营养物质摄入量 ▼

🍸 / 220 克

 做法

01 胡萝卜去皮洗净，切成跟一块钱硬币厚度相当的薄片。

02 锅中加 100 毫升水，放入胡萝卜片和冰糖，大火煮沸后转小火慢炖，炖至汤汁收干。

03 胡萝卜片捞出，沥干，均匀地放到铺有烘焙纸的烤盘中。

04 烤盘放入预热好的烤箱，上下火 120℃ 烤 60 分钟即可，烤到一半的时候取出翻面。

红薯曲奇

宝宝们天生喜欢吃零食，加上宝宝的胃口比较小，吃完正餐没多久就又饿了，所以给宝宝准备一点儿健康无油的小零食是非常必要的。这款零食有着曲奇饼干可爱的模样，食材以红薯为主，很健康。

原料（分量：18 块）

红薯…300 克　牛奶…30 毫升
面粉…20 克　　黑芝麻…5 克
鸡蛋…1 个

营养物质摄入量 ▼
（每块曲奇的含量）

🥄 / 17 克　　🌾 / 1 克

🍼 / 2 克

 做法

一定要趁热压，凉了就不好压了。

01
红薯去皮，切薄片，放入蒸锅蒸熟，趁热用勺子压成泥。

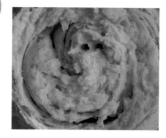

02
加入面粉和牛奶，搅拌均匀。

03
打入鸡蛋，搅拌均匀。

04
倒入黑芝麻，搅拌均匀，装入装有裱花嘴的裱花袋。

05
红薯泥挤入铺有烘焙纸的烤盘中，挤成曲奇状。

烤至表皮稍微有点儿硬即可。

06
烤盘放入预热好的烤箱，上下火 120℃烤约 30 分钟。

 Tips

① 可以只加蛋黄，也可以不加鸡蛋，根据宝宝是否对其过敏来决定。

② 第 4 步将红薯泥装入裱花袋时，可以将裱花袋放在杯子里，这样更好固定。

③ 挤红薯泥非常简单，稍稍用力挤一下，画一个圆圈，然后轻轻向上一提就可以了。

④ 烘烤时间可以根据个人喜好调整，如果喜欢软软的，就烤 20 分钟左右，如果想吃脆一些的，就多烤一会儿，注意不要烤煳。

紫薯彩虹布丁

给宝宝做布丁不能加鱼胶粉、琼脂等这些帮助凝固的原料，所以蒸好的布丁口感与大人吃的会有差别，比较像凝固了的米糊，但对小宝宝来讲，这已经足够美味了。配方奶加热会损失一部分维生素，但对钙质是没有影响的。所以，偶尔加热牛奶或者冲调好的配方奶对营养的吸收影响不是很大。

原料

紫薯…40 克　鸡蛋…1 个
米饭…20 克　冲调好的配方奶…75 毫升

营养物质摄入量 ▼

/ 20 克　　/ 40 克

/ 1 个

做法

先压成泥是为了
打得更加均匀。

01
紫薯洗净去皮，切滚刀块，
入蒸锅蒸 20 分钟。

过滤是为了让布
丁的口感更顺滑
细腻。

02
紫薯压成泥，放入料理机
中，加 40 毫升配方奶，打
成奶糊，再加入打散的蛋
液，拌匀。

03
将蛋奶糊滤入带盖容器，入
蒸锅，水开后蒸 15 分钟，
蒸好后取出晾凉。

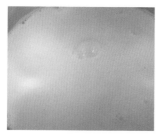

04
剩下的配方奶倒入小锅，煮
开后转小火。

05
将米饭倒入小锅中，开锅后
再煮 5 分钟，关火，稍微晾
凉后倒入料理机，打成糊。

06
将打好的糊轻轻倒在做好的
布丁上，放凉即可。

 Tips

① 如果做给对鸡蛋过敏的宝宝吃，可以只用蛋黄。

② 因为蒸会产生很多水汽和水珠，有可能会使布丁的表面出现小蜂窝，所以最好找个小盖子把容器
盖住。

③ 米饭多煮一会儿，是为了让煮完的米糊更容易凝固成形。

④ 做好的布丁可以直接拿给宝宝吃！如果想让布丁更紧致一点儿，可以放到冰箱中冷藏 3 小时，吃的
时候拿出来，回温至室温就可以了。

果干蛋奶酥

真没想到这么好吃的小点心竟然出自自己之手，而且比外面甜品店卖的还好吃。还受到全家人的褒奖，我这心里别提有多美了。外面买回来的不能保证用的都是最好的食材，但自己给宝宝做的用的绝对是最健康的食材。

原料（分量：15 块）

低筋面粉…180 克   蛋黄…4 个
无盐黄油…80 克   奶粉…12 克
白砂糖…30 克   蔓越莓干…30 克

营养物质摄入量 ▼
（每块蛋奶酥的含量）
／ 12 克   ／ 5 克
＊另含有果干。

 做法

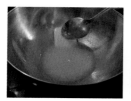

01
黄油隔水加热，直至一半黄油熔化。

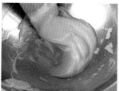

02
用勺子把固态黄油一点儿一点儿地铲成小块，直至全部软化。

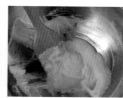

03
在软化好的黄油中加糖，拌匀后加奶粉，再次拌匀。

04
用电动打蛋器搅打黄油，直至颜色变浅、体积变大。

每加一个蛋黄，都要用打蛋器搅打均匀，然后再加下一个。

05
3 个蛋黄分 3 次加入黄油中，搅拌至浓稠、蓬松。剩下一个蛋黄打散备用。

蔓越莓干要提前用刀切碎。

06
筛入低筋面粉，用手混合均匀。撒入果干，尽量把面团往一起捏，将其压紧。

07
擀成约 0.6 厘米厚的圆饼，切成长方形的块，放入铺有烘焙纸的烤盘，在表面刷蛋黄液。

08
放入预热好的烤箱，上下火 180℃ 烤 10~12 分钟。

 Tips

1　黄油要打发到颜色变浅、体积变大，而且几乎每加一种食材就要打发一次。这一系列的打发步骤是为了让蛋奶酥变得更酥脆，打发的步骤可以说是制作蛋奶酥的关键，别偷懒哦。

2　要注意最后捏面团的手感，不是像我们揉面那样捏，而是把面团挤压到一起。

3　切的时候，放到较硬的砧板上，别放到硅胶垫上，否则容易断。

4　一定要随时观察，基本烤 8 分钟左右，就要在烤箱旁边观察，因为烤煳就是一眨眼的事儿。

5　推荐使用我介绍的软化黄油的方法，即锅里倒热水，把黄油放入不锈钢盆里，再把不锈钢盆放在锅里，黄油就会慢慢地变成液态，同时用勺子把固态黄油一点儿一点儿地铲碎，当里面没有固态黄油时基本就快要搞定了。如果一不小心，黄油都变成液态也没关系，把盆取出来放在室温下，冷却一会儿，黄油就能变成图 2 的状态了。

椰蓉小球

这款自制的椰蓉小球不仅健康，而且味道一级棒，绝对比超市买的好吃！只要你按着小思妈妈的步骤去做，一定也可以做得这么好吃。

原料（分量：16个）

低筋面粉…35克　椰蓉…100克　无盐黄油…30克
蛋黄…30克　　白砂糖…25克

营养物质摄入量 ▼
（每个小球的含量）

/ 2克　　/ 2克

 做法

01
黄油隔水加热，直至一半黄油熔化。

02
用勺子把固态黄油一点儿一点儿地铲碎，直至全部软化。

03
黄油中加糖，用打蛋器搅打，直到颜色变浅、体积变大。

04
加入蛋黄，继续搅打，直至混合物像奶油一样。

05
筛入低筋面粉，加入椰蓉，用手抓匀。

06
取适量混合物，捏成小球，放入铺有烘焙纸的烤盘中。

07
烤盘放入预热好的烤箱中层，上下火160℃，烤约15分钟。

奶酪焗山药

山药非常适合春季食用，它营养丰富，具有健脾益气的作用，可预防春天宝宝因肝气旺伤脾，还能增强机体抵抗力。但是山药吃起来黏黏的又没有什么味道，于是我将山药和好吃又补钙的奶酪搭配起来，再加上味道有一点儿特别的牛油果，马上就做出了一道好吃又有营养的小零食！做好后，满屋子都是奶酪的香味。用叉子从底部叉起，山药、牛油果、鸡蛋和奶酪一起被送到宝宝嘴里，香浓美味。

原料

山药…12 克　牛油果…30 克
蛋黄…15 克　冲调好的配方奶…5 毫升
奶酪…6 克

营养物质摄入量 ▼

/ 12 克　　/ 30 克

/ 15 克　　/ 5 毫升

做法

01
牛油果用勺子捣成泥。

02
山药去皮切片，放入蒸锅蒸约 20 分钟。

加入配方奶可以让山药泥更顺滑。

03
趁热用勺子将山药压成泥，加入配方奶，搅拌均匀。

04
山药泥装入烤碗，再放上牛油果，用勺背抹平。

05
蛋黄打散，倒入烤碗，再撒上奶酪。

最后 2 分钟要随时观察，以免烤煳。

06
烤碗放入预热好的烤箱中，上下火 150℃烤约 15 分钟，直至奶酪熔化、蛋液凝固。

Tips

① 宝妈们挑选牛油果时，首先要看表皮的色泽。表皮呈棕色表明是熟的；呈青色就表明是生的，暂时不能吃。如果买回来的牛油果偏青色，就要在家里放几天，等它变熟。如果牛油果已经变成棕色，我们还要判断它是否熟过头。用指腹轻轻捏一捏，如果能明显感觉到表皮与果肉之间有空隙，说明牛油果里面的果肉已经出现了黑丝，甚至有可能坏掉了。如果买不到牛油果的话，也可以用蒸熟的土豆或者红薯代替。

② 山药最好选择铁棍山药，一般铁棍山药的直径为 2~2.5 厘米，表皮颜色略深，上面有铁锈状斑迹。

③ 去山药皮的时候最好戴上手套，因为山药的黏液中含植物碱，山药皮中含皂角素，当皮肤接触到它们后就会非常痒。

雪粉糕

小思妈妈今天制作的这款雪粉糕，不仅没有加油，连糖也没加，还用了天然的坚果粉来调味。大米口感柔软细腻，容易消化，比其他谷物更适合幼儿的肠胃。蒸糕里用核桃和花生替代了红糖，核桃和花生含有丰富的维生素和矿物质，可以调节血脂，软化血管，益智补脑。雪粉糕既可以给宝宝当主食，也可以当零食，十分健康。

原料

大米粉…20 克　糯米粉…5 克　核桃仁…4 克
花生仁…4 克　　水…60 毫升

营养物质摄入量 ▼

/ 25 克

* 另含有坚果。

做法

01
核桃仁和花生仁放入铺有锡纸的烤盘，放入烤箱中层，上下火 150 ℃ 烤 10 分钟。

02
烤好的核桃仁用刀切碎。核桃仁和花生仁放入料理机，搅打成粉末。

03
大米粉和糯米粉混合，加 60 毫升水，搅拌至看起来没有散落的干粉、全部都结成小粉团。

04
用手把这些小粉团搓开、搓松散，用粗筛子过筛。

千万不要用力压米粉。

05
模具内刷少许油，用勺子把米粉撒在模具中，要铺满模具底部。

06
在米粉上均匀铺上坚果粉。再撒一层米粉，把坚果粉盖住，上锅蒸大概 15 分钟即可。

 Tips

① 3 岁以下的宝宝不能直接吃坚果，一定要打成粉末，用坚果粉做的雪粉糕吃起来从里到外都松松软软的。但是注意打的时间不要太长，如果打的时间太长，核桃里的油脂就会出来，使粉末结成小块。

② 混了水的小粉团要用手慢慢搓开，让其重新变成米粉。再用粗一点儿的面粉筛，多筛一会儿。这一步比较累，时间也会长一些，只要大家稍微有点儿耐心，就一定能成功做出好吃的雪粉糕。

③ 米粉做好了就不要再压它了，含水的米粉轻轻一压就又会粘在一起，这样做出来的雪粉糕就不是松松散散的了！大家尽管放心，即使这么散，蒸好的雪粉糕也一定能成形！

④ 如果装雪粉糕的模具容易粘住雪粉糕，最好在模具内刷一点儿油，这样雪粉糕可以更顺利地脱模。等雪粉糕稍微凉一些，把模具倒扣过来，就可以轻松地把雪粉糕拿出来了。

⑤ 在给宝宝食用的时候，把雪粉糕掰成小块，以免宝宝噎到。

铜锣烧

铜锣烧是日本非常受欢迎的小糕点，因面饼长得像铜锣而得名，中间夹着香甜的红豆沙。市面上卖的红豆沙虽然细腻，但是糖分太多，而且没有办法保证食材的纯正。所以如果宝宝想吃红豆沙，妈妈最好自己亲手熬，如果能多保留一些红豆皮，还会大大增加红豆作为粗粮的营养价值哦。

原料（分量：5个）

红豆…15克　低筋面粉…90克　鸡蛋…2个
白糖…少许　水…620毫升

营养物质摄入量 ▽

（每个铜锣烧的含量）

 / 18克　　／ 20克

＊另含有豆类。

 做法

一定要用小火来炒豆沙，否则容易炒糊。

01
红豆提前浸泡一晚。

02
泡好的红豆倒入锅中，加入600毫升水，煮约2小时，直至红豆非常软烂。

03
红豆用勺子压成泥，用滤网过滤。

04
过滤好的豆沙放到不粘锅里，加少许白糖，小火翻炒，把豆沙里的水分炒干即可。

面粉过一下筛，做好的面饼质地会更细腻。

05
鸡蛋打入盆中，加少许白糖，搅拌均匀后筛入面粉。

06
加入20毫升水，用手动打蛋器搅打面糊，直至面粉和蛋液混合均匀。

07
平底锅内刷少许油，倒入适量面糊，摊成小圆饼。

08
待面糊开始凝固、表面出现小气泡时翻面，继续煎，小饼变成淡咖啡色时盛出。

09
小饼放入盘中，盛一勺豆沙铺在小饼上。另取一个小饼，盖在豆沙上即可。

Tips

1　红豆最好提前一晚用水浸泡，这样比较容易煮烂。如果忘记泡了也没关系，在煮红豆的时候多加一些水，煮的时间长一些，也是可以的。

2　小锅熬红豆的时候要时刻观察锅中的水够不够，如果发现水少了，要适当加一些水。另外，在熬煮的过程中最好时不时用勺子搅拌一下，避免烟锅。

3　如果给小宝宝吃的话，最好把豆沙过滤一下，这样豆沙吃起来会更细腻。如果给大宝宝吃，最好留下红豆皮，因为红豆皮营养特别丰富。

4　因为宝宝不能吃添加剂，所以不能加泡打粉。如果大人吃的话还可以在面糊里加上泡打粉，这样面糊会更蓬松，软绵绵的，口感会更好哦！

建议月龄
18 个月以上

榛子酥

如果你平时也喜欢吃一些酥脆的小点心，不要犹豫！就做这款榛子酥！保证又酥又脆！如果你觉得烘焙很麻烦，不要犹豫！就做这款榛子酥！保证入门级！过程很简单，技术含量不高，不容易失败！

原料（分量：16 个）

低筋面粉…200 克　　植物油…100 克
白砂糖…50 克　　　　榛仁…50 克
小苏打…1/4 小勺　　蛋液…20 克
蛋黄…适量

营养物质摄入量 ▼

（每个榛子酥的含量）

🌾 / 12.5 克　　◎ / 1 克

＊另含有坚果。

 做法

01
榛仁用刀切碎。

02
蛋液中加入植物油和白砂糖，搅一下，此时，混合物是分层的。

03
用手动打蛋器搅打均匀，此时混合物看上去有一些稠。

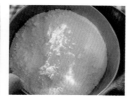

04
面粉和小苏打混合，筛入上一步打好的混合物中。

不要揉得太过，否则就不酥了。

05
倒入榛仁碎，拌匀，让面粉都沾上油，再用手稍微揉几下。

06
取适量面团，先捏成圆球。

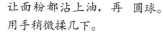

最后 5 分钟，一定要随时观察，以免烤煳。

07
再压成圆饼状，放入烤盘，在表面刷一层蛋黄液，放入预热好的烤箱，上下火180℃，烤 20 分钟。

 Tips

1 面团的手感是非常松散的，跟我们平时做饺子皮时揉面的手感是不同的，因为放了很多油。这样的面团才能做出酥脆的点心。

2 面团比较松散，所以在捏榛子酥的时候，一点要用力往一起挤压并捏紧，这样才能保持圆球状。

3 用本配方能做出 16～20 个榛子酥，你也可以做得小一点儿，但尽量不要太厚，否则里面不好烤熟。

紫薯芝麻脆条

紫薯芝麻脆条常见的配方用的多是黄油，但这款芝麻脆条我用了植物油来替代。虽然口感没有那么酥脆，但胜在食材健康。

原料（分量：25 根）

低筋面粉…150 克　紫薯…150 克　植物油…75 克
白砂糖…30 克　黑芝麻…适量　白芝麻…适量

营养物质摄入量 ▼

（每根脆条的含量）

🌾 / 6 克　　🔻 / 6 克

 做法

要蒸到用筷子一戳就能穿透的状态。

01
紫薯去皮切小块，入蒸锅蒸熟，取出压成泥。

切忌搅拌过度，否则会让脆条失去酥脆感。

02
低筋面粉中倒入植物油，搅拌均匀。

不要揉过度了，否则面团会变筋道，烤出的脆条就不酥脆了。

03
加入白砂糖和紫薯泥，混合均匀，揉圆，放入冰箱冷藏15 分钟。

04
面团放入保鲜袋，擀成 3 毫米厚的薄饼。

05
拿掉保鲜袋，在上面均匀地撒上黑、白芝麻。

06
切成长条，放入铺有烘焙纸的烤盘。

最后几分钟要随时观察，别烤糊了。

07
烤盘放入预热好的烤箱，170℃ 烤 25 分钟左右。

Tips

1　冷藏是为了让面团不黏，这样更容易擀开，也可以省略这步。

2　植物油建议选用玉米油或者葵花籽油。

3　如果没有低筋面粉，可以用普通面粉来替代，但不要用高筋面粉。

4　撒芝麻前，也可以先在薄饼上刷一层蛋液，这可以让做出的成品表面呈金黄色，更漂亮一些。但对口感影响不大，所以也可省略这步。

5　烤制时间要根据脆条的薄厚做调整。

山药红豆糕

这款小点心用的都是健康食材，山药富含膳食纤维、维生素 B$_6$ 和维生素 C，红豆皮中除了含有维生素、膳食纤维，还富含多酚类抗氧化物质。我把这款点心做成了小蛋糕的样子，小巧可爱，用它给宝宝加餐，非常不错哦。

原料

山药…180 克　红豆…80 克

营养物质摄入量 ▼

/ 180 克

* 另含有豆类。

做法

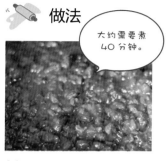

大约需要煮40分钟。

01
红豆提前浸泡2小时，放入高压锅，加适量水，煮熟。

用筷子戳一下，如果很轻松就能穿透，说明已经蒸熟了。

02
山药洗净切段，入蒸锅蒸熟，晾凉后剥皮，压成泥。

03
红豆放入平底锅，小火不停翻炒，直到红豆沙变干、变硬、不容易散开。

套保鲜膜是为了方便脱模。

04
取一个方形模具，套上保鲜膜，先铺一层山药泥。

注意每层都要压实。

05
再铺一层红豆沙，最后再铺一层山药泥。

06
保鲜膜连同山药红豆糕一起取出，用刀成小方块即可。

 Tips

1. 最好买铁棍山药，铁棍山药不仅营养价高，而且水分少，蒸完之后面面的，更容易做造型。
2. 炒过的红豆沙可能会有些干，最好配着牛奶、冲调好的配方奶、甜汤或水一起吃。
3. 如果在蒸山药之前去皮，山药中的植物碱蹭到手上会非常痒，但蒸完之后再剥皮就不会有这个烦恼了。
4. 如果担心红豆皮卡住喉咙，煮好的红豆用滤网过滤一下也可以。

牛油果香蕉卷

牛油果富含不饱和脂肪酸、钾和膳食纤维，非常适合用来给宝宝做辅食，不但有利于心脏健康，还能预防便秘，其中的不饱和脂肪酸有提高脑细胞的活性、增强记忆力和思维能力的功效。牛油果口感软绵绵的，很容易咀嚼。

原料

面包片···1片　牛油果···10克　香蕉···60克

营养物质摄入量 ▼

🌾 / 15克　　🍓 / 70克

 做法

01
面包片的边缘切掉。

这样更好卷，不容易碎。

02
用擀面杖将面包片擀薄。

03
牛油果果肉压成泥。

尽量涂抹均匀。注意边缘也要抹上牛油果泥。

04
用勺子将牛油果泥放在面包片上，抹开。

卷好后用手压一压，这样不容易散开。

05
香蕉去皮，放在面包片上，用面包片慢慢把香蕉卷起来，用刀切成小段。

 Tips

1 一般比拳头小一点儿的牛油果，都是进口的。个头大一点儿的牛油果有可能是国内种植的。

2 尽量挑选直一点儿的香蕉，方便卷起来。如果家中的香蕉较弯，可以切成段再放到面包片上。

3 在第2步擀面包片的时候，一定要把面包片擀得薄一点儿，卷的时候也要使劲卷，这样宝宝吃的时候就不容易散开了。

山药豆沙月饼

小思妈妈尝试了各种食材和搭配，最后挑选了山药和红豆，专门为小宝宝们设计了这款小月饼，口感和味道都很不错，食材也很健康，而且没有添加剂。

原料（分量：4块）

山药…140克　红豆…50克　白糖…少许

营养物质摄入量 ▼

（每块月饼的含量）

🍥 / 20克

* 另含有豆类。

 做法

大概需要蒸20分钟。

01
红豆提前浸泡一晚。

红豆易吸水，要适量多加些水，避免煳锅。

02
山药去皮切片，放入蒸锅蒸熟，再压成泥。

03
红豆放入高压锅，加水，煮到红豆开花。

一定要反复碾压。

04
红豆过滤一下，用勺子在滤网上反复碾压，把红豆皮滤出。

可以随时尝一尝，以调节甜度。

05
红豆沙转移到锅中，小火加热，不停翻炒，其间分次加糖。

06
熬至红豆沙变得很稠、挂在铲子上不容易掉下来即可。

07
微微晾凉后，就可以用作月饼馅了。

08
取适量山药泥，压成圆饼，然后放上适量红豆沙。

09
包好，小心地把封口处捏紧，用双手揉圆。

10
揉好的山药团放到月饼模具中，压模。

11
脱模。

 Tips

① 看一下月饼模具的大小，我的是50克的。所以我用了35克山药来做月饼皮，15克红豆沙来做月饼馅。

② 一定要用勺子在滤网上面反复碾压，尽量只将红豆皮滤出。

红薯板栗饼

这款外面裹着一层椰蓉的红薯板栗饼，散发着椰子的香味，表面的椰蓉像极了冬天飘落的雪花。咬一口，软软的红薯里面还包裹着香香的板栗，满嘴香。

原料

红薯…20 克　板栗…20 克　温水…20 毫升
椰蓉…适量　枸杞…少许

营养物质摄入量 ▼

/ 20 克

* 另含有坚果。

做法

01
红薯去皮，切薄片，放入蒸
锅，蒸 15 分钟左右。

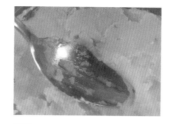

02
蒸好的红薯取出，趁热用勺
子压成泥。

03
板栗冷水入锅煮熟，大概要
煮 25 分钟。

炒板栗泥不用加油，但一定要用不粘锅。

04
板栗煮熟后，切成两半，然
后用小勺挖出板栗肉。

05
将板栗肉放入料理机中，添
加 20 毫升温水，打成细腻
的板栗泥。

06
板栗泥倒入锅中，小火烘炒，
至板栗泥变得有些硬后盛
出，晾凉。

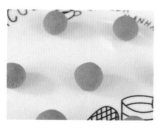

07
取适量板栗泥搓成小球。

08
取适量红薯泥，搓成球后压
扁，在中间放上板栗球。

09
用红薯泥将板栗球包裹起
来，搓圆后放到椰蓉里，滚
一圈，然后在上面放一颗泡
好的枸杞做装饰。

207

图书在版编目（CIP）数据

宝宝全营养辅食 / 小思妈妈著 . —北京 : 北京科学技术出版社 , 2021.9
ISBN 978-7-5714-1635-5

Ⅰ . ①宝… Ⅱ . ①小… Ⅲ . ①婴幼儿—食谱 Ⅳ . ① TS972.162

中国版本图书馆 CIP 数据核字 (2021) 第 125287 号

策划编辑：宋　晶
责任编辑：樊川燕
图文制作：天露霖文化
责任印刷：张　良
出 版 人：曾庆宇
出版发行：北京科学技术出版社
社　　址：北京西直门南大街 16 号
邮政编码：100035
电话传真：0086-10-66135495（总编室）
　　　　　　0086-10-66113227（发行部）
网　　址：www.bkydw.cn
印　　刷：北京捷迅佳彩印刷有限公司
开　　本：720 mm × 1000 mm　1/16
印　　张：13
版　　次：2021 年 9 月第 1 版
印　　次：2021 年 9 月第 1 次印刷
ISBN 978-7-5714-1635-5

定　　价：49.80 元